慎德研究

——以儒家传统为中心

郝玉明 著

中国社会科学出版社

图书在版编目(CIP)数据

慎德研究：以儒家传统为中心／郝玉明著．—北京：中国社会科学出版社，2015.9

ISBN 978-7-5161-6311-5

Ⅰ.①慎…　Ⅱ.①郝…　Ⅲ.①儒家—伦理学—研究　Ⅳ.①B82-092

中国版本图书馆 CIP 数据核字(2015)第 131088 号

出 版 人　赵剑英
责任编辑　王　琪　马　明
责任校对　朱妍洁
责任印制　王　超

出　　版　中国社会科学出版社
社　　址　北京鼓楼西大街甲 158 号
邮　　编　100720
网　　址　http://www.csspw.cn
发 行 部　010-84083685
门 市 部　010-84029450
经　　销　新华书店及其他书店

印刷装订　北京君升印刷有限公司
版　　次　2015 年 9 月第 1 版
印　　次　2015 年 9 月第 1 次印刷

开　　本　710×1000　1/16
印　　张　13.75
插　　页　2
字　　数　235 千字
定　　价　48.00 元

凡购买中国社会科学出版社图书，如有质量问题请与本社营销中心联系调换
电话：010-84083683

主题是兰兄的《社会伦理学》提纲。在这个会上，第一次见到了玉明，她给我留下了一种诚挚朴实的印象。她向我表达了想跟我上博士的愿望，这当然是好事，但有这种愿望的学生不少，所以也没特别在意。她的丈夫当时已经是我们哲学院在读的硕士，是我的一位同学的学生，因此，不久他们夫妇俩就经过这位同学的介绍，专门来拜访我，表达了想随我上学的强烈愿望。可是，当年由于相关制度的限制，我已经接受了我名下的一名硕士同学作为直博生，原则上讲我不想再招第二个，因此，就给玉明出主意，让她报考了另外一位老师。考试成绩出来后，她的成绩考得也不错，完全符合录取标准，但她却以一分之差在那位老师的考生中名列第二，而这位老师是本校兼职导师，按人大规定只能招一名学生。那位排在第一的同学，已经是第三年报考他的博士生了，这么一听，也就不好意思再说什么了。可是这对于玉明来说就意味着当年不能上学了，他们夫妇俩又一再找我，想上学的愿望之强烈，打动了我，就这样招了玉明，转了这么个大圈，最后还是成为正式的师生关系了，这也许就是缘分吧！

玉明入学后，对她的了解慢慢多了起来，玉明是一个聪明好学、刻苦努力的孩子，否则也不会从东北农村走到今天，虽然本科上的学校并不算特别有名，但由于她自己的努力，一毕业就考上了研究生，在读研究生期间，还曾经兼做过一段她们学校图书馆的办公室主任，办事干练很有章法，这都令我喜爱。就伦理学专业的生源来说，在我看来，第一自然是名校哲学系学生，第二就是师范大学的政教系学生，毕竟他们还是要系统学点伦理学，而且其课程体系较为宽泛全面，这对研究伦理学也有一定好处，比如，师范大学往往都开心理学、教育学、社会学等，而哲学系很少开这类课程，这样宽的知识结构对研究伦理学是很有益的。记得中国台湾的韦政通先生在介绍他为学的经验时，就曾介绍过他的科际整合法，这一点，自己在三十年的为学过程中，也是深有体会。在这篇论文中，玉明对慎德之心理结构的知情意的分析，就明显表现出她学过心理学的优势。在门内读书会上，我发现玉明是一个思路清晰、长于概括的人，尽管最初她的某些概括不尽准确，但善于概括、抽象、提炼思想，这对于一个从事理论工作的人来说，显然是一个长处。如果思维混乱，陷到材料中出不来，或者无思想，这对于一个学生或学者来

为师之乐与“慎”之慎评

——《慎德研究——以儒家传统为中心》序

郝玉明著《慎德研究——以儒家传统为中心》一书，是在其博士学位论文基础上经过修改而成的，三年前，她在中国人民大学获得伦理学专业的哲学博士学位，她是在我的指导下完成博士学业的。她的这本学位论文，是我十多年来指导博士生过程中最满意的博士学位论文之一，因此，在三年前审读她的论文时，就满怀喜悦的心情，一边看一边写下了这篇审读报告式的万字长文，当时，我难掩为师之乐，但对于自己学生的论文，过于溢美，不仅有失学术公正，而且可能导致师德之失。因此，我又是抱着一种非常慎重、严谨、客观的态度，做一次严肃的学术评论工作，因此，本文乃是对《慎德研究》一书的慎重评论。三年之后，这本论文经过修改终于要在中国社会科学出版社出版了，我仍然是难掩为师之乐，坚持“慎”之慎评。这篇长文的标题与内容基本还忠实于三年前所写，只是限于篇幅与公共性的考虑，做了必要的删节。

一读报告

（一）

先说说和玉明的结缘以及这个选题吧！玉明是来自吉林农村的一位东北姑娘，本科和硕士都毕业于吉林师范大学政法学院，本科是思想政治教育专业，硕士是伦理学专业。记得在她入学的前一年即2007年，我受到逝友、伦理学界曾经比较有名的学者、吉林师范大学政法学院院长兰秀良兄的邀请，去该校参加一个七八个人的小型学术会议，讨论的说，是很令人担忧的。

在学期间，她也曾经跟我一起，注评了《贞观政要》一书，在此书中特别注重政治道德之慎德，“慎”在中国传统道德中可能是一个全面的德目，但其在政治道德中表现得很突出，很多官箴都在讲“清、勤、慎”，在《贞观政要》中一个重要的主题就是要统治者懂得“马上得天下易，守天下难”，因此，统治者要居安思危、慎始慎终。由此，我又想到，对于跟着我做伦理思想史研究的学生来说，方向无非两类题材，一类是一个具体的人物或文本，另一类是一个问题或范畴。前几年在硕士课堂上，我曾经鼓励别人指导的两位同学在博士阶段写了中国的“报”，还有一位写了“俭”德，我毕业的学生已经写过“君子”、“义”、《管子》等，选题方向基本一致。我想干脆就让玉明写“慎”吧！这就是这个选题的由来。

慎德，在中国传统道德中，是一个兼具心理形式和道德实质主义内容的德目，我觉得它有点类似于西方的智，或者说是智的运用，是一切道德的基础，是一种后台性的道德，似乎别的道德都离不开它，它似乎是一种形式的、后台的“全德”，而不像仁、义、礼式的全德是有实质内容的，比如，周人讲“克慎明德”，我理解似乎是说只有“克慎”才能“明德”，这是把慎作为实现一切道德的基础和前提，在周代的文献中，如说“慎德”有时并不是具体德目的意思，而是“慎其德”的意思。而且慎不仅是实现道德的手段，也是道德追求的最高目标和境界，这就是儒家所讲的“慎独”境界。慎不仅是德，而且还有非德的含义，如为了避祸而“明哲保身”之慎就是一种功利的算计，是谈不上德的。可见，慎在中国传统道德文化中，是一个很重要又很复杂的问题，慎似乎无处不在，但你要说慎究竟是什么，又一下子难以把握，加之中国思想本身的特点就是长于综合而疏于分析，德目之间常常是相互联系的，分殊很难。

选题确定后，我们师生俩讨论过几次提纲，定了一个研究写作大纲，玉明就开工下工夫去了。她是工作有效率且听话的学生，一个字就是一部文化史，我本人的博士论文是写“孝”，现在在读的另一位学生准备写“忠”，玉明写“慎”，这种个案性的研究，对中国伦理文化的研究积累一定是有推动、有贡献的。问题论域集中且具有广泛的渗透性，选题独特且有一定的挑战性。从中国人的道德思维智慧角度看，是非常重要的问题，对于从另一个向度揭示中国伦理文化特质和中国国民性都有非常重要的学术和实践意义。

（二）

那么，玉明的这篇论文究竟好在哪儿而值得推介呢？我想一篇好的论文，其之所以好的一些基本要素实际上是一样的，如问题意识突出、问题有意义、主题鲜明；对好问题还要有一个好的解决，即进行了完整系统的知识性梳理并提出了自己的创新性见解；文献扎实、论证有力，是学问而不是意见，持之有据；论文的结构严谨、逻辑严密、文字流畅，遵守学术规范，引用得当，中规中矩。下面我将以这些一般的要求来分析介绍一下玉明的论文。

第一，对中国传统慎德做出了系统研究，提出了创新性观点，为中国伦理文化研究做出了自己独特的学术贡献。在前面已经提到，这个选题很重要但也有难度，虽然研究提纲是我们俩一起商量确定的，但写出来是什么样，我心里真没有底。可看了初稿，感觉非常好，由于选题本身是独特的，学界尚无一本专门研究慎德的专著，这本身就是贡献。更为重要的是她对如此有难度的问题完全驾驭得了，对慎德作了全面、准确、周严的论述。论文正文的第一章“慎德及其演变”，先从字源上予以辨析，并提出“慎”的含义包括：第一，“警觉”，惧、忧、惕；第二，“收敛”，顺、静、戒；第三，“持重”，神、重、珍；第四，“认真”，真、审、密。在正面疏理“慎”之含义的基础上，还比较了相关的近义词——谨、谦、勤；反义词——懦、忍、卑，躁、轻、疏。这些梳理概括准确、细致、全面。进而提出了自己对慎之为德的概括，也就是说，慎德作为一种德性，包括人的哪些德性呢？这就是明辨是非、权衡取舍；思而后行，言行合宜；持盈惧满，省察克治；敬事趋善，守分尽职；知人识人，修己安人。而且仅用一节的篇幅对中国古代的慎德演变进行了宏观的回顾，对各个时期慎德的特点也提出了自己的独特看法。在第二章中，从多个角度分析了慎德的内在结构，从知、情、意的心理结构上分析得缜密准确，从横向结构的角度分析了慎德的应用范围（即处己、处人、处事），又从道德内在层次的纵向角度分析了慎德的几个内在层次，处于最低层的或道德性质还不十分突出的是避患保身之慎，处于第二层次的是敬德修持之慎，处于最高层次的是慎独至善之慎，这节的分析帮助人们厘清了慎何以为德以及慎之为德的层次性，使人洞彻了慎德的内在结构。不仅如此，她还把历史上有关思想家关于慎德的思想联结为一个逻辑的整体，如在讲到“避患保身之慎”时比较了刘向、王弼、王艮的思想异同；而在讲到“慎独至善之慎”时，又比较了荀子、《大学》、《中庸》和朱熹、刘宗周慎德思想的异同，从问题的角度，使人们获得了思想史的新知，难能可贵。为了使人们更好地把握慎德，本章第四节还对慎德与相关传统道德德目如孝、仁、勇作了比较研究。我想我不用再接着尽述其论文的精彩之处，否则有老师偏爱之嫌。

第二，观点与文献有完美的结合，持之有故，言之成理。一种新的观点，如果没有文献和论据的支持，将会使学术观点变成空疏的意见，如果文献丰富到堆砌的程度而没有思想，那最多也是一个好的读书报告。任何一种学术创新，都离不开这两者的完美结合。前面已经说过，玉明作为一个女生或者未来的一个女性学者，具有长于提炼概括之优点，这是十分可贵的，这个“长”不仅在于会提炼概括，而且还概括得非常准确，换句话就是有思想，就是真正想明白、研究透了对象本身的客观属性和内在规律，从显性上看就是概括得准确。观点是从材料中概括出来的，这是归纳法；根据已经有的观点或结论再推出相关命题，这是演绎法。学术研究要掌握大量丰富的文献资料，使自己的观点持之有故。但如果材料不能为观点所驾驭，那将是一堆无逻辑联系的乱麻。在现代网络化条件下做学问，“学富五车”已经不再是第一优点，而是要有思想智慧。从与玉明的接触中，她不仅学习刻苦，而且对现代电子技术和资料搜索技术有很好的掌握，曾经听她跟我说过，她善于向一切人学习，有一位已经是教授的她的好朋友，也是一位女性学者告诉了她治中国思想史的一些方法，还向她介绍了北京大学语言研究中心的一个“语料库”软件。随着现在电子技术的进步，有关古代文献的数据库很多，用现代检索技术就可以找到大量文本书的专题信息，但仅靠这些数据信息，有可能会失去很多隐性的主题信息，而且如果不阅读消化，恐怕也是一堆无用的信息，知识区别于信息，就在于它对信息作了有序化整理和创新性拓展。玉明的论文中，观点和材料结合得非常完美，随手拈来，运用自如，不仅有思想信息资源，也有史实信息资源。如在讲到慎独时，不仅分析了相关思想家的慎独思想，而且还引用了一些史实信息，如文中就用这样两则史实形象地向人们展示了什么是慎独境界："如蘧伯玉过卫君门，虽旁无一人，也能恭敬肃穆，揖让而过，遵守礼制，'不为冥冥惰行'；据《后汉书·杨震传》记载，东汉安帝时的荆州刺史杨震亦能在夜深人静，无他人知晓之时，坚持正义，拒收行贿重金。"不仅有古代文本中的资源，也有现代人的研究著作中的信息，不仅有显性信息，如语句中直接言慎的，也有无"慎"字而意思是在谈"慎"德的隐性信息，从这些丰富的文献以及自如的运用中，可以明显看出，玉明是下了很大工夫的，是以认真阅读大量文献为基础的。另外，由于她对其所要论的论题和所要解决的问题有着清晰的把握，所以非常逻辑地实现了她的相关观点与文献资料的完美结合。不仅原始的文献工夫很好，从行文中也可以看出，她阅读了大量当代人的研究著作，甚至我平时说过的比较好或重要的书她都及时读了，我在博士文献课上要求的书，她也读得很好，连我的著作她也是每本都认真读了，上述著作不仅读了，而且在文中得到了全面综合的运用，这真是一个聪明、刻苦的学生所当为呀！

第三，丰厚的知识积累，高度驾驭与娴熟的运用能力。玉明所写论文虽然仅是一"慎德"，给人感觉可能失之褊狭，但其实不然，不仅因为一个字就是一部文化史，而且还在于慎德在中国伦理文化中也有某种隐性综合的特质，无处不在，因此，所涉及的论域实际上是非常广泛的，涉及中国伦理文化的相关重大问题和德目。玉明能放能收，借着写这篇论文，以写带读，相信玉明对中国传统伦理的学习和理解也加宽加厚了，博士写论文不仅是一种思想、能力和文字的训练，而且也是综合使用自己所学知识的重要途径，使自己具有一个博士的知识教养，这一点在玉明的论文中也典型地体现出来了。不仅阅读古人的著作，也广泛阅读今人的著作，文献支持之丰厚令人喜悦，但又能紧紧围绕自己的论题对文献进行选择取舍、概括、整合、创新。如在第三章第三节写慎德修养，我最初一看题目，噢，三个问题分别是孔子所言的"学、思、行"，感到似乎没谈出什么新意来，但深入进去一看，在这样一个大框子下，却是从三个方面条分缕析了孔、孟、荀的相关思想及其与慎德修养的关系，并做出进一步的精当论述，太好了。如围绕“为学”，将孔子的思想概括为“博学”，并认为它是慎德修养的前提基础；将孟子的思想概括为“约学”，是慎德习性实现的简约之法；将荀子的思想概括为“强学”，锻炼了慎德修养的意志力。围绕“慎思”将孔、孟、荀的思想概括为“省思”“思诚”“思虑”等，在我看来都是非常准确而精当的。前三章在某种意义上来说，是一种照着讲，是对古人的思想进行逻辑疏理，当然这种问题专论不同于人物和文本个案的纯粹性、还原性疏理，而是也包含了整理者的思想和逻辑，相较于此，第四章“慎德的价值审视”则是要直接谈自己的学术见解了，有些学生，往往是做一种还原性整理还行，但到谈自己思想的时候就表现出贫乏。可是看了玉明论文的第四章，心里更加欣慰。她不仅有自己的独特见解，而且从行文中可以感到她作为一个思想者的智慧和修德者的教养。如她对慎德的历史影响的论述，分别从个体人格塑造、交往伦理形成、政治环境构建几个方面，论述了慎德的积极和消极两方面的历史影响，思想全面周密，富有辩证观点。对“慎德的现代价值”的论述，体现出她对现代生活的时代本质和生活特色有深刻的了解，并对慎德在现代生活中所面临的挑战和积极价值有非常深刻和全面的论述，并进一步论述了慎德的时代重塑问题，做出了突出的学术贡献。慎确实具有“慎其德”的全德和综合道德之特点，读玉明的论文，不仅领略了她作为一个学生、学者和思考者的知性智慧，更在眼前映现出她重视自己道德修养、不亢不卑的为人处世态度，淡定温和的笑脸和处事得当的干练作风，这一切也许都是玉明的慎其德或慎德吧！

第四，在论文形式上，思路清晰、逻辑严整、恪守学术规范、文字流畅。全文除导言和结论外，正文部分由四章构成：慎德及其演变；慎德的内在结构；慎德的实现机制；慎德的价值审视，逻辑结构严整。在每一章下的几节里、几个问题里、问题下的小问题里，也都是层层相扣，脉络清晰，具有内在的逻辑联系。对这样一个很难的问题，以宏大而缜密的思想建构，揭示了慎德的相关问题和规律，体现出玉明思维的清晰性。对每一个问题本身的概括都是挺好的，层次很清晰，这在行文中随处可见，为了凸显这一点，仅举一个例子：对“守德”原则从三个方面进行了分析论述。首先，“善”，慎德认同的道德价值；其次，“道”，慎德遵守的道德规范；最后，“德”，慎德的道德实践过程。这难能可贵。

文字表述虽然也有个别地方有不尽准确之处，但从总体上看，语言还是非常流畅的，特别令我高兴的是，在这么厚厚的一本论文中，几乎没看到过错别字，给老师交上来的初稿，在形式上，摘要、参考文献、注释都做得中规中矩，完全接近于一个完成稿，读这本学位论文，我感到是一种享受。

（三）

不是一般序言那样客气地蜻蜓点水式地说一点儿缺点，这可能不是为人师者的态度，论文的前两章的确令我满意，但读到第三章时，我觉得也有一些不足，其实写到此，这个序言已经变成指导教师的审读报告了，不过这样的文字对作者、读者可能是更为真实而负责任的。一些具体问题限于篇幅难于尽述，我都在论文中具体批注过了，这里主要说一些结构性的大的问题，供玉明修改初稿时参考，也在某种意义上记录、再现了师生间教学相长的真实过程。

从大的方面看，第一、二章写得非常好，我觉得似乎要改的不多。“导言”仅从文字上看，准确性、流畅性也不如第一、二章；第三章，某些观点和论述就多少有一些问题了。

我建议将第二章的章题由“慎德的伦理意蕴”改为“慎德的内在结构”，将第三章的章题由“慎德的伦理实现”改为“慎德的实现机制”更为周严准确。在一个题目中同时出现“德”与“伦理”似乎是不妥的，已经是“德”了，肯定含有伦理的意思，这有重复之嫌。第四章的章题由“慎德的历史审视”改为“慎德的价值审视”也许更为准确。

第二章第四节个别部分如“慎与信”一节似乎写得不甚好，没说清二者的关系，也不是必须谈慎德与儒家的每个主要道德的关系，是否可以考虑不要了。第三章第一节“慎德的实现基础”或可改题为“慎德的文化土壤”，“人性”“人情”两节写得似乎也不是太好，对“天命之性”我觉得也有理解上的偏差，另一方面又把荀子的人性论归结为与上述天命之性相对的“自然人性”，以这样的人性论作为基础来谈它对慎德的基础地位，这个前提是否成立就值得推敲！把中国的人情论概括为自然人情和社会人情两类，也值得推敲。另外，似乎着力在论述“人情”和人情法则了，与慎德的关联不够密切。这个问题也许比较难，难以说清楚，另外，其实讲的是慎德的现实基础，而不是实现机制，因此，也考虑是否这一节整个不要了。不要了并不影响全文，而且将写得不好的部分不要了，只会使论文显得更加干净漂亮，仅供参考，尚可讨论。我知道学生下了很大工夫，好不容易写出的东西你要让她不要了，这就像是从一个母亲手中想抢走她的娃娃那样不情愿，但如果这个娃娃是个先天残缺的，最好还是提前干预。第二节“慎德的伦理原则”建议改为“基本原则”；另外，提出的三个原则“执中”“守德”“公义”其逻辑顺序在我看来似乎应该将“执中”放在最后，因为它是形式上的或者是思维上的，而“守德”和“公义”是处于两个不同层次且具有实质的道德含义的，另外还建议要论述这三个原则之间的关系。

一篇论文主体部分当然重要，但其引言和结论更加重要，因此，建议“引言”的起笔部分的问题意识、研究意义的阐述无论是从思想上还是文字上都可以写得再好些。结论在一篇论文中应该是更加大气的总体性总结和提升超越，目前大量篇幅还在论述“慎德之培养”，虽然也是一个逻辑的归结，但总令人觉得不够大气，因此，“结语”建议还可做较大幅度的修改。应该从总体上谈谈慎德在中国传统及当代道德结构中的地位、特点和重要性，慎德的演变、失落、挑战和重建，本研究最后解决了什么问题，做出了哪些贡献，对慎德和慎德研究的未来做出一些展望。目前的慎德培养部分，似可考虑移至第四章，或者保留在这儿也需要瘦身。这样是否大气一些？另外，我给玉明的结论加了一个标题——“追寻慎德”，这从总体上使人可以产生“美德伦理学”运动的联想，符合论文美德伦理学研究的性质，而且“追”有追求意，“寻”有探索意，也符合玉明对慎德的研究与实践追求的意蕴，也可以使“结论”的表述更鲜活生动、更有诗意和号召性。沿着这样的诗性哲学的风格去考虑“结论”的文字，这是更高一级的要求了！总之，希望“导言”能像演员出场有一个好的亮相，而“结语”成为超越提升的画龙点睛的神来之笔！

（四）

那么，总体上对这篇论文有何评价？有什么总体性的感受和一般性的启示呢？

以我自己浅薄的识见，这篇论文是玉明交给我的一部完全可以毕业的优秀答卷，这是一篇优秀博士学位论文，她可以自豪地经过答辩戴上博士帽了，是一部经过修改绝对够得上出版水准的学术专著，为她今后成为一个独立学者奠定了学术训练和学术成果的基础。她确实可以毕业了、起飞了，不用在我的指导下学习研究了，她可以自己独立从事研究工作了，如果沿着一个正确的道路和学风走下去，一定会取得成绩，成为一名优秀的女性学者。至于这个选题和问题在中国伦理文化和学术积累方面的重要性，可能会有仁智互见的问题，我不能对之轻下结论，但同类研究专著我还没看到过，从这一问题领域的角度进行研究肯定是有其学术贡献的；不仅如此，以其质量，堪称一部有较高学术水平的专著。

玉明的这篇论文，使我总是难以抑制自己的喜悦心情，我过去总是觉得师生关系也有缘分，是可遇不可求的。玉明的这篇论文是我目前指导的博士论文中我认为最好的一篇，给我带来了深刻的为人师者的幸福感。一边看就一边写这篇文字本身就体现出我情不自禁的喜悦之情，而且，读这篇论文，写这篇文字可以说是横跨了亚欧大陆、“文贯中西”了。玉明的论文也随着我在西方世界游历淬火了一下。这是因为在家看了不到一半，就于1月29日到2月8日偕夫人来西班牙和法国，看望女儿并旅行，一路上也带着这篇论文，借着倒时差和本人能早起的习惯，深夜两点、三点、五点都曾起来在卫生间看这篇论文（怕影响家人休息），一般人可能认为谈这个不雅，但古人自古就有“三上”之说，即马上、枕上、厕上读书之雅趣，因此，说出这个轶事，我自己觉得也是一件有趣的事，哈哈！

玉明的这篇论文涉及的题材，在我看来是一种综合性、隐含在各种德目之后的一种无处不在的德性，是有相当的难度的，况且学术界相关的研究几乎是没有的，在我看来，玉明的这篇论文是可以推荐参评优秀博士论文奖的。

读了玉明的论文，虽然难以掩饰自己作为一个为师者对好学生的喜爱和为师者的快乐和幸福，但基于职业道德和玉明所言之慎德，我想对玉明的论文做出尽可能严谨的评价，这是我作为一个为师者的慎德，因此，我上述审读报告想力求做到客观公正，况且要我这个人赞颂学生其实是一件不容易的事，但一个人的认识水平毕竟是有限的，因此，我不敢保证我的评价都是客观公正的，只是说，我从主观上力求做到公正准确。

不过不管怎么说，还是感谢玉明为我带来的这种为师之乐，并祝愿玉明通过三年来在中国人民大学的学习和训练，通过《慎德研究》的磨炼，成为一个合格或优秀的学者，在追求学术的道路上，事业有成，人生幸福！

2011 年 2 月 2 日凌晨草成于西班牙巴塞罗那某宾馆

二读报告

玉明的论文第二稿修改完成了，我又挑重点或者说她着力修改甚或是重写的部分来看，就再做点补记。

令人特别高兴的有两点：第一，凡是我在一稿审读报告中指出的问题，玉明都不打折扣地全部按我的意见做了修改，无论是某些章题的修改还是我建议要全部删除的某些章节，尤其是把自己辛辛苦苦写的东西整节拿掉，这很不容易。虽然我要求学生比较严，但实际上在学术上我还是主张人人平等的，并不是不让学生讲话，或者并不是认为自己说的都对，但一般来说，如果老师连自己学生写的文章都看不清哪里好哪里不好，那可能这个老师也就没有为人师的学术资格了！不管怎么说，玉明全按我的意见做了修改，我还是很高兴，不像有的学生水平不行还挺犟，不受教，这样的学生就真不知道该如何指导他们了！第二点令我高兴的是，玉明第二稿的修改较之第一稿，对问题的总体把握更加明晰深入，更加有高度，使论文的水平又得到了提升。尤其是其“导言”和“结语”部分。在导言部分一开始，先写“慎德定位与研究价值”，在“慎德定位”中提出：慎德是隐含在中国伦理诸德之后的“全德”，是中国人的道德智慧思维模式，是探究中国伦理精神的独特视角。这种观点揭示了慎德的“隐德”和“全德”特性，为全文的研究提出了一个准确的问题领域和视角，凸显了该研究的重大意义。在“结语”部分，总结论述了慎德在中国传统道德中的地位和特点：“慎德”是实现一切道德的前提和基础，慎德涵盖其他道德的多重内涵，慎德是其他道德追求的最高目标和境界即“慎独”。对慎德特点和变迁的论述有助于人们从总体上把握并实践慎德。

另外，在其一个注脚中我发现了一个很重要的思想，即《国语·卷三·周语下》中有“慎成端正，德之相也”。玉明认为这是古人把“慎”作为“四德”之一，但我所重视的却是，该文献对“慎”在四德中的地位和作用的表述即“慎，德之守也”这句话，慎，作为智慧，可能是德之基，但其作为德，恐怕在全部道德生活中的作用可能是“德之守”即道德的守护和保障。这可以说准确地概括了慎之为德的作用和重要性。我以前曾经建议玉明将“结语”的题目定为“追寻慎德”，但现在我觉得将此题目定为“慎：德之守也”更为准确全面，也更有高度。

随着对慎德的德与非德性质、隐德与显德关系研究的深化，又提出了一些新的问题，建议玉明进一步思考：如德与智的关系、功利与道德的关系、个体善与社会善的关系问题，实现了个体人生善的事物是否为德？当个体善与社会善冲突时如何界定道德？是否基于个体功利考虑的幸福追求就一定不是德？只有把这些问题想清楚了，这次所写的总体性问题才能得到一个更为准确和深入的解决。但二稿的问题意识和总体提升的基本思想还是很不错的，方向是挺好的。我提的问题是进一步下工夫深入探讨的问题。另外，我感到结语后面的慎之演变与前面有重复，现在应该以“慎：德之守也”作结，即慎在全部道德生活中的作用以及慎德在现代人生活中的作用来作全文的结束，因此，结语实际上讲了三个总体性的问题，即慎德在中国传统道德中的地位、慎德的特质、慎德的社会作用，这样既符合逻辑又有高度，是一个好的结语，对全文有提升作用。

总体上看，我仍然坚定地认为玉明的这篇论文是我目前所指导的学生中写得最好的一篇，由于她对该问题有着较长期的关注，因此，响鼓不用重棰敲，一说她反应很快，相信再经她下工夫修改，会不断提高论文的质量。

2011 年 3 月 12 日补记于豳风轩

上述文字引言部分是这次改写时替换新写的，主体部分四节删除了太过于私人化的部分，其他全部照录三年半前的文字，补记则一字未改。这可能是一篇较为另类的著作序言，但我自己则相信，它是一篇更为真实的学术评论，而不是友情赞颂之文，也是一篇真实再现师生博士学位论文写作过程中互动情况的记录文字。这种文字让读者分享，在我看来也是负责任的，由于时间仓促，我未能对玉明在出版前再做修改的著作再次仔细审读，但我相信以玉明做人做事的风格，只会是越改越好！在本书即将正式出版前，我向玉明表示祝贺，也借此文向读者介绍推荐此书，愿此书的出版对于推动中华优秀传统文化与传统美德的创造性转化、创新性发展做出贡献！

肖群忠

2014 年 12 月 10 日于京华世纪城时雨园豳风轩

目　录

导　言 …………………………………………………………… (1)
一　慎德定位与研究价值 ……………………………………… (1)
二　慎德之研究述评 ………………………………………… (5)
(一)西方学者对“慎”的研究 ……………………………… (5)
(二)国内现当代学者对“慎”的研究 ……………………… (8)
三　本书研究方法与内容 …………………………………… (12)

第一章　慎德及其演变 ………………………………………… (15)
一　慎之语言分析 ………………………………………… (15)
(一)慎之字形解析 ………………………………………… (16)
(二)慎之含义诠释 ………………………………………… (19)
(三)近义、反义辨析 ……………………………………… (27)
二　慎之道德内涵 ………………………………………… (31)
(一)明辨是非,权衡取舍 ………………………………… (31)
(二)思而后行,言行合宜 ………………………………… (33)
(三)持盈惧满,省察克治 ………………………………… (35)
(四)敬事趋善,守分尽职 ………………………………… (38)
(五)知人识人,修己安人 ………………………………… (40)
三　慎之产生与演变 ……………………………………… (42)
(一)产生与奠基 ………………………………………… (42)
(二)发展与争鸣 ………………………………………… (45)
(三)神化与整合 ………………………………………… (53)

（四）异化与反思 …………………………………… （55）

第二章　慎德的内在结构 …………………………………… （57）
一　慎德之心理结构 …………………………………… （57）
（一）慎之知 …………………………………… （57）
（二）慎之情 …………………………………… （61）
（三）慎之意 …………………………………… （65）
二　慎德之横向结构 …………………………………… （70）
（一）处己之慎 …………………………………… （70）
（二）处人之慎 …………………………………… （73）
（三）处事之慎 …………………………………… （75）
三　慎德之纵向层次 …………………………………… （77）
（一）避患保身之慎 …………………………………… （78）
（二）敬德修持之慎 …………………………………… （82）
（三）慎独至善之慎 …………………………………… （86）
四　慎德与孝、仁、勇 …………………………………… （90）
（一）慎与孝 …………………………………… （91）
（二）慎与仁 …………………………………… （94）
（三）慎与勇 …………………………………… （98）

第三章　慎德的实现机制 …………………………………… （102）
一　慎德的基本原则 …………………………………… （102）
（一）“守德”原则 …………………………………… （102）
（二）“公义”原则 …………………………………… （107）
（三）“执中”原则 …………………………………… （111）
二　慎德的个体修养 …………………………………… （116）
（一）为学 …………………………………… （116）
（二）慎思 …………………………………… （121）
（三）力行 …………………………………… （125）
三　慎德的政治领域实践 …………………………………… （128）
（一）政治主体修身之慎 …………………………………… （128）

(二)政治关系调节之慎 …………………………… (129)
(三)政治活动施行之慎 …………………………… (131)

第四章 慎德的价值审视 …………………………… (134)
一 慎德的历史影响 …………………………… (134)
(一)慎德与个体人格塑造 …………………………… (134)
(二)慎德与交往伦理形成 …………………………… (138)
(三)慎德与政治环境构建 …………………………… (142)
二 慎德的现代价值 …………………………… (146)
(一)慎德有利于完善个体人格 …………………………… (147)
(二)慎德有利于人际关系和谐 …………………………… (150)
(三)慎德有利于增进社会文明 …………………………… (154)
三 慎德的时代重塑 …………………………… (157)
(一)赋予慎德新的时代内容 …………………………… (157)
(二)重建慎德的伦理精神 …………………………… (160)
(三)重释慎德的道德内涵 …………………………… (164)
(四)拓展慎德的应用领域 …………………………… (167)
四 慎德的当代培养 …………………………… (170)
(一)依靠个体的道德自觉 …………………………… (171)
(二)诉诸社会的道德教育 …………………………… (173)
(三)加强制度的有效保障 …………………………… (175)

结语 慎,德之守也 …………………………… (178)

参考文献 …………………………… (182)

后 记 …………………………… (197)

导　言

“慎”，是中国传统伦理思想中的重要范畴。无论是儒家，还是道家、墨家，抑或法家，无不言及“慎”。无论是君王臣相、圣哲名士，还是黎民百姓，无不应该“慎”。无论是在宗教祭祀、治国安民等社会活动中，还是在修身养性、与人相处等个人活动中，无不需要“慎”。“慎”是古代中国人在危险和困境中形成的生存智慧，是在传统社会环境中养成的道德思维方式，更是中国传统道德文化所塑造的中国人的传统美德和国民性之一。在中国当代社会，新的环境、新的机遇、新的生存和发展空间要求人们大胆开拓、勇于进取、拼搏奋斗。“慎”似乎成为胆小懦弱、顾虑重重、封闭保守的代名词。对于一些人来说“慎”是可有可无的，甚至成为阻碍其前进的羁绊，越来越多的人表现出内心浮躁、空虚、无所适从。在利欲驱动下，无原则、无方向，盲目跟从、毫无忌惮。与人相处莽撞、虚伪、险恶、狡诈。做事马虎大意、玩忽职守、逃避责任。凡此种种，我们不得不思考人性究竟是什么？面临着逐渐升温的竞争和角逐，我们又该如何运用冷峻的智慧？如何实现人与人之间的和谐共生？笔者正是带着这些疑问开始传统慎德思想研究，致力于“慎”是什么？“慎”可不可以成为美德？在中国传统思想中“慎”如何实现其向“慎德”的转换？传统“慎德”是否具有超越时代的永恒价值等问题的解决，发掘传统慎德的现代价值，为缓和当代人内心的焦虑躁动，化解人际冲突，促进社会发展做出应尽的努力，也为中国传统美德伦理研究贡献一点儿力量。

一　慎德定位与研究价值

在中国传统伦理思想中，“慎”不具有如“孝”一样的“根源性作用”[1]，更不像“生”一样，能够成为“中国伦理文化的根本精神”[2]，也没有“仁”“义”“礼”“智”“信”等德目的显著地位。但“慎”在中国传统伦理思想中的地位和作用是不容忽视的，所以在系统研究“慎德”之前，有必要给“慎德”一个准确的定位，使我们自始便能够形成客观、端正的认识态度，以便于给传统“慎德”客观的评价。

首先，“慎德”，是隐含在中国伦理诸德之后的“全德”。所谓“隐含”是存在其中，却未彰显的意思。“慎德”在中国伦理思想中的存在状态可以用“隐含”一词来描述。在源远流长的历史文化发展进程中，中华民族形成了具有丰富内涵、深远影响的道德理论体系，其中被明确提出作为核心道德范畴的有“三达德”“四维”“五常”“六德”等，“慎德”却从未位列其中，似乎使人觉得“慎”在中国人的道德体系中不那么受重视，也不那么重要。然而，当我们透过多种德目耀眼的光辉去深度挖掘时，却可以发现从原始先民对天命、神意的敬畏到西周贵族倡导“慎德”，从孔子提出民众之慎到孟子、荀子发展具有“善端”和智慧内涵之慎，从董仲舒论谨守三纲五常到魏晋名士主张顺时应变，从佛道两家坚持谨戒修持到宋明理学家倡导遵天理、去人欲，“慎德”存在于中国伦理思想发展的始终。通过各个时期、各派思想家的诠释，“慎德”思想不断丰富，逐渐具有了综合的德性特点，成为可以涵盖仁、义、礼、智等多方面道德因素的“全德”，并贯彻于整个道德的生活。“慎”作为“全德”不同于孔子所谓“仁”的“全德”地位，不是显现于道德结构体系中，而是以“幕后”的方式统摄诸德，以“暗含”的形式贯穿于其他一切道德德目中。仁爱的人因为慎德，知道如何表达自己对他人的爱；道义的人因为慎德，知道如何在困境中坚持信念；守礼的人因为慎德，知道如何在生活中遵守规范；智慧的人因为慎德，知道如何避免机谋与巧诈；诚信的人因为慎德，知道信他人什么，自己如何守信。

---

① 肖群忠认为，“在中国传统社会与文化中，孝道实具有根源性的重要作用”。参见肖群忠《孝与中国文化》，人民出版社2001年版，第3页。

② 张舜清认为“生”是中国伦理文化的根本精神。参见张舜清《“生”之伦理思想研究》，中国社会科学出版社2010年版，第8页。

其次，“慎德”，是中国人的道德智慧和国民性的重要体现。“慎德”是一种智慧，尽管中西方伦理思想有着显著的差异，但“慎”在其中有着较为相同的一般义，如“小心慎重”“深思熟虑”“周密思考”“详细策划”“理性预见”“权衡取舍”“避免伤害”“自我控制”等。“慎”作为一种智慧一般表现为对自己有着清醒的认识；对事态的发展能够警惕并有所预见；对是非、利害清晰明辨、权衡和取舍；能够进行理智或理性的思考，周密翔实，尽可能减少过失和错误。但中国伦理思想中的“慎”不同于西方哲人眼中的“慎”，最显著的特点在于它是一种道德智慧，是含有道德内涵的智慧，既是“德性之慎”，又是“人伦之慎”，是能够择善去恶、坚守道德价值的“慎”，是能够洞见人伦社会实质，并在其中安身立命的“慎”。道德智慧之慎需要以好善恶恶、真诚无欺、忧患敬畏的道德情感为动力，以坚忍、自制、冷静的道德意志为保障，三者相互交融、互相作用来实现。慎德是达至善的目的的工具性道德智慧，慎之为德有着更高层次的道德追求。从三代时期，“慎”作为一种避免灾难、祸患的敬畏、警惕心理，实现国家、宗族长治久安的政治道德、宗族道德而存在，经过时代的变迁、社会环境的陶铸、思想家们的理论诠释，慎德以其忧患警惕、持重认真、坚忍努力、理性抉择的道德智慧在促进中国人追求道德价值、塑造美德品质、实现人生理想和秩序和谐等方面发挥着重要的工具性作用。“慎德”也是中国国民性的重要表现，不像西方人那样崇尚个性、求胜心强、勇于拼争、推崇变革，“谨慎”与中国伦理文化相结合使中国人更多地表现出谦卑礼让、平静温和、节制自身、警惕忧患、坚强忍耐等性格特点。

最后，“慎之为德”，是探究中国伦理精神的独特视角。“慎”作为人类面对生存困境的一种心理反应，在其产生之初是为了避免夭殃、减少人祸、保存己身，没有道德意味可言。随着道德观念的产生，“慎”与“德”相结合，形成了西周人的“慎德”观念，逐渐具有了追求道德价值的自觉性，“慎德”本身所具有的道德内涵也不断得以确立和丰富。“慎德”的产生及形成表面上是经历了一个历史的演变过程，然而由“慎”至“慎德”，却是中国人在善与恶、功利与道义、己与人、个体与社会之间进行权衡和取舍时真实的内心反映。我们不能肯定为了追求个人利益而谨慎就是不道德的，相反当个体发展与社会需要趋向一致，在不侵犯他人、不违背社会利益的前提下避免伤害、修身养性、满足个人物质和精神需求却是个体善。然而，当社会善与个体善相冲突，个人利益的获得会给他人和社会造成损失，这时求得自保、逃避责任、损人利己、谨小慎微就完全丧失了“慎之为德”的可能性。所以，“慎”有为善的趋势，亦有为恶的可能，“慎”本身就是一个“德”与“非德”的矛盾体，在“德”与“非德”之间不停地摇摆。“善”与“不善”“慎德”与“慎”之间就在于人如何选择终极标准和行为手段，当权衡、取舍进行的选择是通过“善”的手段达至个体善和社会善时，“慎”就由纯粹之智变为德。可以说“慎之为德”就是人不断自我斗争的过程，是连接人性与德性的纽带，在“慎德”实现的过程中实现了“自然我”向“道德我”的转换。正是由于“慎”的这一特点，使思考为何慎、如何慎，成为每个时代的人们都不可回避的问题。“慎之为德”的过程是中国人伦理精神实现的真实反映，展现着中国人面临危机和困境时的内心感受，体现出中国人在选择中的挣扎和困惑，更表现出中国人突破重重蔽障达至价值人生的努力。

由此而言，“慎德”是暗含于中国传统伦理思想中的一条隐线，是中国道德体系中的重要德目，内含着有关中国伦理文化的诸多信息，是解读传统中国人内心道德世界的砝码。研究传统伦理思想史，不能忽视更不能避开“慎德”，否则将会失去一笔宝贵的传统道德资源。

基于以上慎德在中国伦理思想中的特殊地位和作用，笔者认为慎德思想研究具有重要的理论意义和现实意义。

首先，慎德研究是中国传统伦理思想的新的开拓。“慎德”是中国传统伦理思想中重要范畴之一，但由于“慎”本身具有相当程度的“非德”性质和“隐德”的存在状态，使得人们对“慎德”的重视远不如“忠”“孝”“仁”“义”等范畴，对其进行专门性的研究更是十分鲜见。“慎”作为美德不仅具有特定意义，还具有综合性的特点。在中国传统道德结构中有着独特的地位，是一切道德实现的前提和基础，涵盖其他道德，兼具其他道德的多重内涵，是其他道德追求的最高道德目标和境界。“慎”本身也具有强烈的历史感和文化感，它与中国历史的演变相伴而行，被运用到生活实践的众多领域，随着中国人观念意识的改变而不断丰富和演绎。所以，由“慎”之一字可以管窥中国整部伦理文化史，以“慎”为研究对象，是问题意识和研究领域的新的开拓，具有学术建设和理论意义。

其次，慎德研究为揭示中国伦理文化的特质提供了新的向度。“中国传统文化的核心和特质是道德智慧。”①“慎”首先是一种智慧，它从殷商文化中走出，满载对危及自然生命的警觉、对可能丧失肉体生命的忧患，走入以氏族血缘为纽带的人伦社会。从此，“慎德”成为安处人世的“道德智慧”。不仅致力于自我生存和发展，更能参透“社会伦理和人事实际”；不仅具有对“德”更强烈的向往，也有着为实现“德”更深沉的努力，通过修养个体道德去影响和塑造群体道德，更加符合传统文化内圣外王的道德实践路径，是研究中国伦理文化特质的新角度和新方向。

最后，慎德研究的实践价值在于它有助于当代社会个体人格塑造、人际关系和谐、社会文明提升。随着市场经济的发展，中国当代社会无论是在物质生活领域还是在精神生活领域都发生着翻天覆地的变化，人们遭遇到了前所未有的伦理冲突和道德困境。“慎”作为一种美德，不仅是冷峻的道德智慧，也是诚敬的道德情感，更是自制的道德意志。对培养当代人“谨慎”的道德智慧思维模式和行为习惯，实现自我完善；缓和人际冲突，实现人际和谐；增强个体的角色意识，促使其遵守社会制度、承担社会事务，增进社会文明有着积极作用。

二　慎德之研究述评

“慎”作为一种美德，在中西文化中均受到一定程度的重视，中西学者对其都不乏研究。

（一）西方学者对“慎”的研究

长期以来，“谨慎”也是西方学者关注的一个重要话题，伊壁鸠鲁、亚里士多德、奥勒留、亚当·斯密、边沁、密尔、西季威克等多位思想家都对“谨慎”进行过论述。然考其研究重点，各有不同。西方

① 肖群忠：《中国道德智慧十五讲》，北京大学出版社2008年版，第6页。

思想家从其“重智”主义传统出发，将“谨慎”隶属于“智慧”与“节制”的美德，“谨慎”是对自己和外在世界的智性思考。而中国传统慎德思想则是以儒家传统为核心，具有更加丰富的内涵。所以，国外学者对“慎”作为美德的研究有西方文化和中国文化两种话语语境。

1. “慎”作为西方个人美德的研究

“慎”在西方的话语体系中，没有专门的词语与之相对应，而有着不同的表达方法。如 prudent，“慎”具有先见之明、判断力强意；cautious，“慎”有小心、仔细意；circumspect，“慎”有周到、细致意；seriousness，“慎”有严肃、认真意；warily，“慎”有警惕、留心意；reticece，“慎”有不轻易暴露想法、沉默寡言意等。西方人对“慎”的理解异彩纷呈，但依然有其确定的主导内涵，伊壁鸠鲁认为“谨慎”是“内心的那种小心的、勤奋和慎重的状态，即始终注意和关切每一行为最深远的影响”[①]。亚里士多德将“谨慎”理解为“深思熟虑地选择一件事物”[②]“周密地思考与策划”[③]。亚当·斯密将“慎”定义为“得到快乐、避免痛苦、保持和增进物质财富的艺术——小心和预见的合宜倾向”[④]。西季威克更强调“谨慎”的“节制”意，“这个词被合理地用于一种我们恰当地称为德性的自我控制”[⑤]。经过四位思想家的诠释，西方的“谨慎”内涵得以丰富，“谨慎”既是小心、慎重的警惕心理，也是周密、细致的思考方式，还是权衡、取舍的理智智慧，更是对自身的节约和控制。

西方学者对“慎德”内涵的界定，主要是为了解决“慎德”的伦理向度问题，即人“谨慎”的根本目的是什么。伊壁鸠鲁认为“谨慎”的目的就是“促成最大的善行和消除最大的邪恶”[⑥]。马克·奥勒留则

---

① ［英］亚当·斯密：《道德情操论》，蒋自强等译，商务印书馆 1998 年版，第 390 页。

② ［美］余纪元：《德性之镜——孔子与亚里士多德的伦理学》，林航译，中国人民大学出版社 2009 年版，第 150 页。

③ ［古希腊］亚里士多德：《尼各马科伦理学》，苗力田译，中国社会科学出版社 1999 年版，第 51 页。

④ ［英］亚当·斯密：《道德情操论》，蒋自强等译，商务印书馆 1998 年版，第 272 页。

⑤ ［英］西季威克：《伦理学方法》，廖申白译，中国社会科学出版社 1993 年版，第 255 页。

⑥ ［英］亚当·斯密：《道德情操论》，蒋自强等译，商务印书馆 1998 年版，第 390 页。

认为人“谨慎”“在于对理性的依重，在于人具有无愧于人的欲望和合德的言行”①。亚当·斯密认为“个人的身体状况、财富、地位、名誉、安全是谨慎美德的合宜职责”。谨慎是影响自己幸福的个人品质。② 杰瑞米·边沁视“谨慎”为“履行一个人对自己义务的艺术，而一个人靠履行这类义务表现出来的品质，便是‘慎重’”③。西方思想家多认为“谨慎”是针对自我而言的，即是增进自身幸福（或是物质的，或是精神的）、实现自身义务的手段，也就是说，慎主要是一种个人美德。

“慎”作为西方人的美德具有其自身的德性表现。亚当·斯密对具有“慎”的品质的人的德性表现进行了详尽的论述：认真学习、追求真实、不欺骗他人、不自大傲慢、不妄自断言、不夸示自己，以自己的真才实学获得信誉，不参加任何派系、团体，避免上当。待人真诚，不轻易吐露真情，讲话有所保留，不鲁莽地发表自己的意见和看法。对待朋友谦虚、谨慎，对高尚行为审慎尊重。节制、节约、坚持不懈地勤劳努力。行动、说话恪守礼仪。把自己的事务限制在自己的职责范围内。④ 总体而言，亚当·斯密的“谨慎”思想是在对待自己、对待他人、对待事务三个方面表现出的智慧、节制美德。

对“谨慎”在美德体系中的地位，西方思想家更是分歧重重。伊壁鸠鲁将“慎”的地位绝对化，认为“慎”是一切美德的根源和基本要素。“自我控制是同快乐有关的一种谨慎”，“坚忍不拔是为了避免更加强烈的痛苦、劳动和危险，而选择比较轻微的痛苦、辛劳、危险的时候表现出来的那种谨慎、良好的判断和镇定自若”，“正义也不外是对我们自己周围的人的那种慎重和谨慎的行为”⑤。边沁虽然将“谨慎”视为“伦理展示的三大准则（慎重、正直、慈善）”⑥ 之一，但没有将其极端化，而只将其作为履行个人义务时的美德。综观西方的“谨慎”观，虽然与中国传统“慎德”思想在伦理背景、精神实质上有着根本

① 唐凯麟主编：《西方伦理学名著提要》，江西人民出版社 2000 年版，第 92 页。

② ［英］亚当·斯密：《道德情操论》，蒋自强等译，商务印书馆 1998 年版，第 272—273 页。

③ ［英］边沁：《道德与立法原理导论》，时殷弘译，商务印书馆 2000 年版，第 350 页。

④ ［英］亚当·斯密：《道德情操论》，蒋自强等译，商务印书馆 1998 年版，第 277 页。

⑤ 同上书，第 390—391 页。

⑥ ［英］边沁：《道德与立法原理导论》，时殷弘译，商务印书馆 2000 年版，第 350 页。

的不同，但在内涵和适用领域等方面也有一定的趋同性，求同存异、审慎分析才是正确的研究态度。

2. “慎”作为中国人性格特征的研究

如美国人本杰明·史华兹著《古代中国的思想世界》、美国人阿瑟·史密斯著《中国人的气质》、美国人费正清著《美国与中国》等。他们的研究特点是将谨慎作为中国人的一种性格特征，对其性格表现进行现象性的描述，分析其形成的历史、文化原因，并未将其视为一种美德。

（二）国内现当代学者对“慎”的研究

对于中国传统“慎德”思想的研究，鲜见国外学者的论著，绝大部分都集中在国内学者的研究视域内。从形式上看，关于“慎”研究的学术论文主要分为三类：

第一类将“慎独”作为一个德性修养的概念进行研究，这部分的学术论文文献居多。陈来在《中国哲学史》2008 年第 1 期上发表的论文《“慎独”与帛书〈五行〉思想》，从史料学的角度剖析慎独思想的真意；张世友在《齐鲁学刊》2004 年第 5 期上发表的论文《传统“慎独”道德精神及其现实价值》、涂文娟在《道德与文明》2008 年第 2 期上发表的论文《论慎独与大学生道德人格成长》、倪修仁在《道德与文明》1997 年第 1 期上发表的论文《论市场主体需要弘扬“慎独”精神》则将慎独思想与当代道德教育相结合，分析其现代价值和理论意义。

第二类学术论文文献注重研究“慎”的多重维度。吕耀怀在《道德与文明》2006 年第 3 期和《孔子研究》2006 年第 3 期上发表的论文《“慎”的两个维度》中都将慎微与慎独作为慎德的两个维度加以分析；另外，还有不少文章论述了慎德思想的慎权、慎友、慎初、慎言、慎行、慎众等维度，文章数量虽多，但缺乏系统性。

第三类学术论文文献则侧重于研究单独文本或个别人物的慎德思想，如葛荣晋在《甘肃社会科学》2005 年第 5 期上发表的论文《王符的“慎微”之教及其现代意义》、吴全兰在《广西师范大学学报》2006 年第 1 期上发表的论文《刘向“敬慎”的修身原则及其现代价值》、赵雅丽在《中州学刊》2002年第5期上发表的论文《略论〈文子〉的慎独思想》等。

关于“慎”研究的专著很少，一般都是在个别章节中涉及“慎”的论述，大致分为四类：

第一类是对“慎德”思想含义的界定。如蔡元培著《华工学校讲义》（中国工人出版社2008年版）“谨慎与畏葸”一节专门对慎予以界定；冯友兰先生在其《新世训》（河南人民出版社2001年版）中虽未直接论及谨慎，但其认为“具有理智判断的冒险才是符合道德的”，就是在论述谨慎的道德内涵。张锡勤所著《中国传统道德举要》（黑龙江大学出版社2009年版）也将“谨慎”和“慎独”作为传统道德进行具体分析；罗国杰主编《中国传统道德·规范卷》（中国人民大学出版社1995年版）有“慎独”“慎思”“慎言与慎动”等章节具体论述。

第二类文献是从“慎德”思想产生的渊源的角度进行分析。陈来的《古代宗教与伦理》（生活·读书·新知三联书店2009年版）就“慎”思想的产生以及《尚书》中周人明德慎罚思想进行了细致阐述；文崇一在其《从价值取向谈中国国民性》（摘自李亦园、杨国枢主编《中国人的性格》，江苏教育出版社2006年版）指出传统与权威的取向、重农与重功名的取向、和仁义等道德取向是中国人形成谨慎性格的重要原因。

第三类文献则从字源意义上对“慎”的传统思想进行分析。廖名春著《中国学术史新证》（四川大学出版社2005年版）有《“慎德”说初探》和《“慎独”本义新证》两文对慎从字形、字义上阐述“慎”有“珍重”之意。

第四类文献虽未对“慎”进行直接研究，但可以从中得出中国传统“慎德”思想的根源和在中国文化发展中的作用，以及“谨慎”作为一种国民性方面的表征，并散见于一些学术著作中。

从国内学者对传统“慎德”研究的文献中可以得知近年来对“慎德”思想的研究存在如下特点：

第一，对“慎”的思想从伦理学的视角进行研究的文献较少，行政学、管理学、医学、养生学、文学多有论述，且多数研究只是将“慎”作为达成某一目的的方式、方法，鲜见伦理学对此问题的研究，即使存在也只是对“慎独”“慎微”“慎言语”“慎始终”等个别方面的论述，缺少从伦理学视角对此问题系统的研究。所以严格说来，这类研究并不能作为关于“慎德”专题研究的著作。但是，无疑它们也会为我们的研究提供许多帮助和借鉴。

第二，仅把“慎”作为进行道德修养的一种方式，而没有将其本身作为一种道德范畴来研究。如“慎独”是传统儒家所倡导的修身方法和推崇的修养境界，其强调的是在一种特殊的情境下，个人所应保持的道德状态；“慎言”“慎行”“慎始”“慎终”则是对慎的某一维度的研究，没有深刻揭示“慎”的伦理内涵。由此，吕耀怀先生在《道德与文明》2006 年第 3 期上发表的论文《“慎”的两个维度》值得注意，他在阐述“慎”的维度“慎微”和“慎独”的过程中，将“慎”作为一种道德价值单独提出，为学者研究“慎之为德”提供了启示。

第三，注重史料的梳理。一方面，是从文献学研究的角度分析“慎”字渊源和“慎”思想的源流；另一方面，是从史学即思想史的角度将古代经典文献中关于“慎”的思想进行梳理。这部分的资源和文献对于慎德思想研究是重要的史料来源。

第四，未形成全面的关于“慎德”思想的研究体系。中国传统文献中关于“慎”“慎德”的思想材料是零散的、不成系统的，今人的整合和分析研究亦不足。本书试图以“慎”为主线，疏通中国传统伦理思想，对相关内容进行分析、整合，深入分析慎德产生的思想渊源、内在结构、实现机制和现代意义，形成“慎德”伦理思想的研究体系。

从内容上看，学者对慎德的讨论包括如下几个方面：

第一，慎德的内涵。“慎”之为德是随着西周“德”观念的产生而出现的，然而《尚书》中最早出现“慎德”字样并不是慎德的道德本义，而是将“慎”作为实现德的一种方式，廖名春在其《中国学术史新证》（四川大学出版社 2005 年版）中阐明“慎德的本义就是重德、宝德、贵德”，而慎就其本身意义而言，就是对德的一种态度。所以从历史发展来看，慎应该是一种对德的依附状态，然而吕耀怀先生则将慎剥离，单独作为一种德性来研究，但其内涵也仅限于“谨慎”之意。所以将慎作为一种道德价值进行阐述并丰富其道德内涵是对慎德思想进行研究所应该做的。

第二，慎德的起源。慎是远古先民祭祀时的心理状态，由于对神秘力量的恐惧，人类产生了一种敬畏的心理，这种心理便是慎的最初源头。对这一问题在中国思想史的书籍中多有论述，如韦政通先生在《中国思想史》（上）（上海世纪出版集团 2003 年版）、葛兆光在其《中国思想史》（复旦大学出版社 2001 年版）、张锡勤和柴文华在其《中国伦理道德变迁史稿》（人民出版社 2008 年版）、陈来在其《古代宗教与伦理》（生活·读书·新知三联书店 2009 年版）中都有论述。更有郭淑新的《敬畏伦理研究》（安徽人民出版社 2007 年版）一书专门从禁忌和敬畏心理的角度阐述慎的心理根源。

第三，慎德的伦理维度。这一方面的论述也是学者们最多关注和阐述的。慎德的伦理维度多集中于慎思、慎独、慎微、慎权、慎行、慎友、慎初、慎终等方面。综合而言，慎的运用不外存在着处事之慎、处己之慎、处人之慎等维度。处事之慎，就是主体在为事过程中的谨慎态度，如慎初、慎微、慎终都是处事之慎的表现。处己之慎，就是道德主体自身修养的主动性努力，如慎独、慎思、慎言、慎行皆属此类。处人之慎，就是在人与人交往的过程中的心态和行为，如慎染、慎交友、慎择邻等。

第四，慎德的地位、特点和价值。慎是中国文化发展中不可缺少的元素，无论是在宗教祭祀、为政活动、人际交往，还是在个人修养过程中慎对于中国人都是须臾不可缺少的，并对中国人国民性格的形成产生了深远的影响。林语堂著《吾国与吾民》，鲁迅、林语堂、傅斯年等著《看不懂的中国人》，还有沙莲香主编的汇聚中外学者对中国国民性格的论述《中国民族性》，李亦园、杨国枢主编《中国人的性格》等书虽未都将慎看作中国国民性格之一，但从其理论论述中可以得知，慎在中国国民性的形成过程中伴随始终、影响深远。真正可以获得关于慎在中国文化中的特点、影响和表现的资料还要借助于以下几部文献资料：梁漱溟著《中国文化要义》、费孝通著《乡土中国》、韦政通著《伦理思想的突破》、孙隆基著《中国文化的深层结构》、翟学伟著《中国社会的日常权威——关系与权力的历史社会学研究》、黄光国著《儒家关系主义》等。从中可以得出慎是中国社会个人自我修养的方式，是人际关系得以展开的原则，是中国古代政治的伦理精神。慎在中国文化发展中虽不具有原发性、综合性的文化概念意义，但它伴随了中国社会文化发展的始终，对中国人的日用伦常、生活方式、性格塑造产生了深远的影响。

综观前人的理论成果，学术界不乏对“慎德”的研究，但将“慎德”作为中国传统道德结构中的一个具体德目、中国传统伦理思想的重要组成部分的研究还不充分、不系统，对“慎德”的应有价值也没有给予充分的肯定。笔者希望能够继承前辈时贤的智慧，在综合前人理论成果的基础上能够有所推进。

三　本书研究方法与内容

马克思辩证唯物主义理论方法。慎德作为一个文化历史范畴，是社会历史进程中的产物，由经济基础和经济关系所决定。原始社会人的“逐兽猎物”的生活方式是慎产生的根源，奴隶制生产关系是先秦时期慎产生的根本基础，血缘宗法等级制是慎产生的政治土壤。只有意识到这一点，才不至于使对中国传统慎德思想的研究成为虚幻的理论建构。同时，对中国传统慎德思想进行研究，既要看到它的进步性，又要分析它的局限性，这要求我们必须坚持唯物主义辩证法，取其精华，去其糟粕。

历史的方法。“一个字，就是一部文化史”，慎伴随着中国历史发展的整个历程，并在其中产生、演变、发生作用，在每一个时期表现出不同的特点。所以对“慎”进行研究就必须将视角置于中国历史发展的整体框架之中进行思考，才能真正理解“慎”在中国文化发展过程中所独有的发展路径和文化特质。

文献诠释法。“文献研究法是指通过阅读、分析文献得出对主、客观事物认识的研究方法。”① 由于对“慎德”的研究没有专门、系统的资料，所以研究“慎德”的第一步便是立足于充足的文献，中国经典文献：经史子集、宋明之后的蒙学本子、西方思想中关于“慎”的学术资料等。对文献的解读并不是主观臆断，以现代人的眼光去解读古代

---

① 叶继元：《学术规范通论》，华东师范大学出版社2005年版，第97页。

文献；而是对传统文献进行还原和再现，针对其所处时代进行分析。另外，“慎”的文献分散于各种典籍中，所以研究“慎德”还必须对相关文献进行归类、综合。

跨学科研究法。对任一领域知识的研究都不是局限的，本书虽然从伦理学的视角对“慎”进行研究，却是对历史学、文字学、社会学、管理学、逻辑学等学科知识的综合运用。

理论和现实结合研究法。立足于现代社会条件下人们的道德现状，着眼于现实问题的解决，研究传统“慎德”思想需要的不是简单的继承和沿袭，更不是一味地批判和去除。而是辩证的批判和有效的继承。这一系列工作的依据都是社会的现实，目的都是解决实际问题。

本书在这些方法的指导下，以传统儒家“慎德”思想为核心，分为六大部分展开论述。

导言部分主要阐述“慎德”在中国传统伦理思想中的定位与“慎德”研究的理论价值和现实价值，对国内外学者有关“慎”与“慎德”的研究进行综述，简要介绍本书的研究方法和基本内容。

第一章探讨了“慎”的一般意义、“慎德”的道德内涵及其历史演变。其中，对“慎”的一般意义采取语言分析方法。从“慎”字的构字结构中得出其一般意义是在原始祭祀过程中应该具有的对神灵的畏惧、敬重的心理，或由于对危险、可怕事物的警惕、警觉以及由此在行为上表现出的小心谨慎之义。从古代关于“慎”的文献归纳与整合中，指出“慎”在中国古人的话语语境中有“警觉”“收敛”“持重”“认真”四种含义。并将“慎”与其近义词、反义词进行比较分析，进一步加深对“慎”义的理解。文章接着探讨慎德的道德内涵，慎德不仅是道德心理，更是行为体现出来的美德品质，是心德与行德的统一。最后，将“慎德”进行历史的还原，在历史演变中梳理“慎德”思想，明晰“慎德”发展与变化。

第二章主要从伦理理论的角度探讨慎德的内在结构。首先分析慎德的品德结构，这也是对“慎德”道德品质形成过程的探讨，即慎德在“知”“情”“意”“行”四个方面的体现及其相互之间的作用机制。只有解决了这个问题，慎德的探讨才不至于成为空泛的理论说教，才具有实践的可行性。然后探讨“慎德”在横向应用领域以及个体在认识

“慎德”、应用“慎德”、将“慎德”内化为人的品质过程中形成的纵向层次问题。最后将其与“孝”“四端”“三达德”等其他德目做以比较，以期对“慎德”的伦理意蕴有更深刻的了解。

第三章主要从伦理实践的视角探讨了慎德的基本原则、个体修养以及在政治领域的具体实践问题。通过本章的探讨，我们可以了解慎德实践在中国传统社会环境中坚持什么样的原则，如何慎、何时慎，解决“慎德”的必要性、合理性和有限性问题。明确个体修养中培养慎德的具体方法，以及传统中国人如何在政治领域实践“慎德”的问题。

第四章对慎德进行历史审视，分析了慎德的历史影响和现代价值，并将慎德置于当代社会的转型时期，赋予慎德新的理论内容、重建慎德的伦理精神、重释慎德的道德内涵、拓展慎德的应用领域，使其适应当代社会的发展需要。并从实践的角度，结合当代社会的时代特点，对当代人培养慎德做出了一些粗浅的思考和建议。

结语部分，简要地总结了“慎德”在中国道德结构中的地位、特点及重要性，并展望了“慎”与“慎德”研究的未来发展趋向。

第一章　慎德及其演变

“慎”是现代汉语的常用字，关于“慎”的成语如小心谨慎、慎始慎终、慎言慎行、谨小慎微等随处可见。在中国古代典籍中“慎”也频频出现，据笔者初步统计，“慎”字在《诗经》中出现14次，《尚书》中出现35次，《周礼》《礼记》《仪礼》中共出现54次，《周易》中出现10次，《春秋左传》中出现49次。在儒家的话语系统中，慎作为一种美德被倡导，并影响了后世中国人的思想和行为方式。一个字就是一部文化史，一个字就是一块活化石。“慎”的初始含义是什么？道德内涵是什么？在中国历史进程中经历了怎样的演变？传承着什么样的文化信息？本章将通过语言分析、义理阐释和历史考察三种方式对“慎”进行现象性的描述。

一　慎之语言分析

“汉字是一种表意文字，在选择汉字的结构部件时，往往融入了先民对客观世界、心理世界的认知，所谓‘义寄于形’也。”① 通过分析字形构造可以得出汉字的原始初义。汉字还具有引申义，在不同的语境内又代表了不同的意义，借助对传统文献的解读也可以进一步扩展汉字字义。“比较互证”也是解析汉字的重要方法，“指利用含有同义、近义、相关义成分的不同语言材料，进行比较寻绎、互相证发，以探求和确定词语含义的训诂方法”②。所以本节对“慎”字的语言分析着重从

---

① 刘美红：《先秦儒学对“怨”的诊断与治疗》，中山大学出版社2010年版，第29页。

② 程俊英、梁永昌：《应用训诂学》，华东师范大学出版社1989年版，第127页。

字形、传统文献和近义、反义词语中获得资源，进一步厘清“慎”的含义。

图 1－1

（一）慎之字形解析

慎，即“沯”“沯”字，在金文中有可以确认的“沯”字出现，如图 1－1 所示。金文中“沯”字由甲骨文中三个字组合而成，会意兼形声字，上边是“草”，中间是“火”，下边是“日”，象征草处于烈日和火中间，同时受到烈日和火焰的烘烤，极易燃烧，所以应当十分小心，如图 1－2 所示。[①] 金文“沯”字也可以从甲骨文中寻找到根源，“金文‘沯’字是甲骨文‘尞’字的省讹，古文大同”[②]。“尞”是古代的祭祀仪式，“‘祭天曰燔柴’。郭注‘既祭，积薪烧之。’这在甲骨文卜辞中叫‘燎’……在焚柴之外，加牲体牲肉于上焚化”[③]。“王国维谓：‘从木在火上，燔祭之也。’（《戬寿堂所藏殷墟文字考释》）罗振玉亦谓木旁诸点像火焰上腾之状。许慎所说非也。金文用作祭名。燃柴以祭天。”[④] 何休认为：“‘燎’者，取俎上七体与其珪宝，在辨中，置

① 熊国英：《释古汉字》，齐鲁书社 2006 年版，第 101 页。

② 谷衍奎：《汉字源流字典》，语文出版社 2008 年版，第 1661 页。

③ 周清泉：《文字考古》，四川人民出版社 2003 年版，第 297 页。

④ 王文耀：《简明金文词典》，上海辞书出版社 1996 年版，第 348 页。

于柴上烧之。”① 《说文·火部》有言：“尞，柴祭天也。从火从昚。昚，古文慎字。祭天所以慎也。”从以上文献可以初步得出，古体“昚”或“眘”的发生有两种情况，一种表意人在危急和紧迫的情形下小心、当心，一种表意人在焚柴祭天的仪式中所表达出来的对天、神的敬畏和重视，所以综合以上两种字义，古体“昚”或“眘”字的初义应该为“小心在意”。

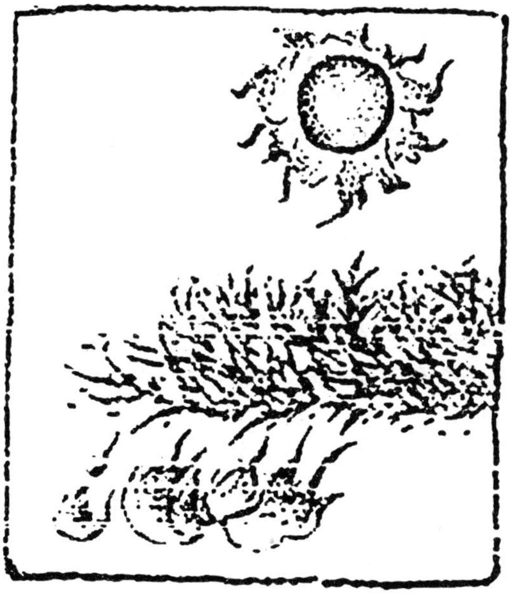

图 1－2

郭店楚墓竹简中还有一类字用来表示“慎”，即“訢”“𣂔”“𢡎”“𧩼”“貭”等。经陈剑先生考释这些字或从心，或从言，或从贝，而声旁是相同的，它们所代表的是同一个词，很有可能是“慎”的古字。六个字声部相同，即为“所”。“‘所’不见于古书，但在古文字中它曾单独使用，其造字本义是什么呢？从古文字发展的规律看，一个被淘汰的古字，其本义往往保存在从它得声的字中。从所声的‘貭’在古书中有一个常用义即‘斧貭’之‘貭’，即在斫木、斩人、莝芻等时候在

① 王文耀：《简明金文词典》，上海辞书出版社 1996 年版，第 349 页。

下面与‘斧斤’相配合的‘椹質’。”①“‘質’是一种刑具，是杀人时作垫用的砧板。”②“愻”“誓”二字从“所”，或从心，或从言，表明人在面对刑杀、惩罚时的畏惧心理和言行小心之意。虽没有学者对其进行专门的考证，但在古代文献中却可以得出相关佐证。如“慎无敢失火，失火者斩其端，失火以为事者车裂”（《墨子·号令》）；“有国者不可以不慎，辟则为天下戮矣”（《礼记·大学》）；“慎已而窥彼，发奸之密。告过者免罪受赏，失奸者必诛连刑”。（《韩非子·制分》）因为对杀罚、刑戮的恐惧而在心理和行为中表现出小心、慎重。

对于“質”字，还有另外一种解释，《说文·贝部》有言：“質，以物相赘。从貝，从所。”表明以财、物等抵押。“魏克彬和张颔皆认为‘質’是人在举行与鬼神沟通时的仪式时以具体的实物所做出的保证。”③“经典中关于敬慎祭祀的论述甚多……敬慎祭祀大致表现为：祭祀要准时，祭品要整洁丰富，态度要虔诚。”④出此可以推之，“質”的出现代表着人在祭祀过程中的心理和行为上的表现。即以献祭的方式向神灵发誓、保证，绝不违逆神意。所以，“慎”在最初的原始祭祀过程中应该是对神灵的畏惧、敬重心理，以及由此在行为上表现出的小心谨慎之义。

“小篆随‘古玺文’结构另制形声字‘慎’”⑤，“‘慎’是‘真’的后起分别字”⑥。“慎”从“心”、从“真”，从古代构字规则来看，“慎”应该与“心”有关，是人的一种心理活动。《说文·匕部》有言：“真，仙人变形而登天也。”段玉裁以为“此真之本义”⑦，从中难

---

① 陈剑：《“说慎”》，载李学勤、谢桂华主编《简帛研究二〇〇一》，广西师范大学出版社2001年版，第209页。

② 王力：《古代汉语常用字字典》，商务印书馆2005年版，第504页。

③ 参见艾兰、邢文编《新出简帛研究》，文化出版社2004年版，第212页；张颔《“‘侯马盟书’丛考”》，《文物》1975年第5期，第12、17、19页。

④ 安徽大学古文字研究室：《古文字研究》（第二十二辑），中华书局2000年版，第252页。

⑤ 熊国英：《释古汉字》，齐鲁书社2006年版，第101页。

⑥ 廖名春：《中国学术史新证》，四川大学出版社2005年版，第106页。

⑦ （清）段玉裁：《说文解字注》，成都古籍书店1981年版，第407页。

解“慎”义。经唐兰[①]、朱芳圃考释，“真即珍之初文”[②]。廖明春由此得出“慎”从“心”从“真”，取“珍”之本义“宝”“贵”“重”，表明心理珍重、珍爱之意。[③]“慎”字的演化并未否定“昚”字初义，只是更加强调“慎”的心理的特征——“重”。而这种“敬重”“珍重”“重视”的心理必然在行为上有所体现。

综合以上关于“慎”多种字形的分析，可以得知，“慎”不仅是心理活动，也是行为方式。是由于“畏惧”“在意”“重视”的心理而在行为中表现出的“小心”“谨慎”。

（二）慎之含义诠释

原始社会时期，先民面对强大的自然力量，在祭祀神灵和祖先的过程中萌发了“慎”的观念。这时的“慎”是对神灵、自然现象的畏惧、小心，不具有理性自觉成分。随着认识水平的提高，人们对“慎”的认识逐渐丰富和深化，并对“慎”进行了不同角度的诠释。其中，最能表明“慎”的独特内涵的释义，概括起来大约有“警觉”“持重”“收敛”“认真”四种。

1. “慎”之“警觉”义——“慎”与“惧”“忧”“惕”

“慎”之“警觉”义是指人对可怕的事物或可能发生的事情保持警醒、小心戒备的心理状态。慎之“警觉”义的产生经历了一个漫长的心理演变历程，由被动的恐惧、害怕，演化成为掺有人的主观心理活动的担心、忧虑，进而成为具有自觉意识的警惕、防范心理。《广雅·释诂四》中有言：“慎，恐也。”《晏子春秋·内篇》有言：“恐慎而不能言”，孙诒让将“慎”释为“恐”。[④]《说文》中“惧”“恐”互释。“恐，惧也。从心，巩声。”“惧，恐也。从心，瞿声。”孔子所言：“知者不惑，仁者不忧，勇者不惧。”（《论语·子罕》）此言“惧”就是

---

① 唐兰：《“释真”》，载《唐兰先生金文论集》，紫禁城出版社1995年版，第32页。

② 朱芳圃：《“真”》，载《殷周文字释丛》（下卷），中华书局1962年版，第190页。

③ 廖名春：《中国学术史新证》，四川大学出版社2005年版，第106页。

④ 转引自宗福邦、陈世铙、萧海波主编《故训汇纂》，商务印书馆2003年版，第817页。

“恐惧，害怕”。《故训汇纂》又以“畏”释“慎”，“慎，畏也”[①]。如《淮南子·墬形训》所说：“肃畏民。”高诱认为此“畏”即是“慎”。如《诗·大雅·蒸民》所说“不侮矜寡，不畏强御”，以及“民不畏死，奈何以死惧之”（《老子·德经》）。古文中“恐”“惧”“畏”三者通义，《尔雅》以“恐”释“慎”说明，“慎”具有恐惧、害怕之意，是因为可怕的事物而产生的一种心理状态。“慎”由“恐”“惧”“畏”始，人对于不可知、不了解、无法掌握的事情的内心恐惧才会引发人的忧患和小心提防。

“忧”是“慎”之“警觉”义的第二个层次，是继“恐惧”“害怕”的心理而产生。《广雅·释诂一》曰：“慎，忧也。”《方言》卷一有言：“慎，忧也。宋卫或谓之慎。”“慎而优游”（《诗·小雅·鸿雁之什》），慎皆取“忧”意。“哀子胥之慎事”，“死不忘国，故言慎事也”。（《楚辞·七谏·怨世》）即子胥临死之时，都不忘记忧虑国家之事。“往者不慎也。”（《大戴礼记·曾子立事》）“无辨而自慎。”（《大戴礼记·文王官人》）王聘珍将此二“慎”字皆释诂为“忧”。[②]《说文》有言：“忧，愁也。从信从页。”“忧”就是“忧虑，担心”[③]。“天之降罔，维其优矣。人之云亡，心之忧矣。”（《诗经·大雅·荡之什》）“儒有今人与居……虽危起居，竟信其志，犹将不忘百姓之病也。此忧思如此者。”（《礼记·儒行》）“忧民之忧者，民亦忧其忧。”（《孟子·梁惠王下》）以上文献中的“忧”皆取“忧患”“忧愁”“忧虑”义，《广雅》以“忧”释“慎”，说明担心、忧虑、发愁也是“慎”的应有之义。“忧”不是完全被动的心理反应，“是对吉凶成败的深思熟虑而来的远见”[④]。人此时已开始了理性觉醒，可以对外在事物及其发展趋势进行客观的分析和预测，并将其与人自身结合，所以具有“忧”义的“慎”可以成为由人的理智引导的一种心理状态。

“惕”是“慎”之“警觉”义的第三个层次。曾国藩说：“谨慎谦

---

① 宗福邦、陈世铙、萧海波主编：《故训汇纂》，商务印书馆2003年版，第817页。

② （清）王聘珍：《大戴礼记解诂》，王文锦点校，中华书局1983年版，第72、190页。

③ 陈初生编纂，曾宪通审校：《金文常用字典》，陕西人民出版社2004年版，第953页。

④ 徐复观：《中国人性论史》，华东师范大学出版社2005年版，第14页。

虑，时时省惕。”[①]“恭俭惕慎，以安天下”（《二十五史·旧唐书》），“小心谨慎者，必善其後，惕则无咎也”[②]。古语经常“慎”与“惕”并提，都具有提防、警惕之意。《玉部·心篇》有言：“惕，惧也。”“惕”是由恐惧、畏惧引申而来。金文“惕”字左边是“心”，右边是“易”，像“蜥蜴”，“初始义是见了危险的事物使人害怕”[③]。“惕”不同于“惧”在于“惕”还有恭敬义。《说文·心部》说：“惕，敬也。”“惕”不只是恐惧的心理，还是敬重、不怠慢的态度。“敬，警也，恒自肃警也。”“警，从敬，从言，原指危险情况的言语报告和提醒，引申为人的内心警觉。”（《释名·释言语》）古代文献中“警惕”连用，如“肃然警惕之谓戒”（《朱子语类》），所谓“惕”就是因为对可怕事物和情形的恐惧，在内心中不断自我警醒，并时刻保持敬慎之心，戒除散漫放荡。至此，“慎”经由恐惧、忧虑的心理活动，转化为关注人自身的警醒和警觉。由此摆脱了被动的心理体验，而成为“主动的、反省的、内发的心理状态”[④]。

2. “慎”之“收敛”义——“慎”与“顺”“静”“戒”

“慎”之“收敛”义随“警觉”义而生。人不仅关注外界事物，更将审视的目光置于自身，人自身思想和行为与吉凶福祸有着密切的关系，而杜绝祸患发生和表达恭敬、珍重最直接的方法就是对他者依顺、对自我约束和控制。“慎，假借为顺。”（《说文通训定声·坤部》）[⑤]在古代文献中，“慎”与“顺”通，《墨子·天志中》：“天之意不可不慎也。”孙诒让认为“慎与顺同”，将“慎”释为“顺”[⑥]，《大戴礼记·盛德》中“以慎天法”，皆指人的行为应该顺从天的法则和天意。“请布基，慎圣人”（《荀子·成相》），杨倞注：“慎读为顺。”[⑦]慎圣人就是服从、顺从圣人的意旨。“在父母舅姑之所，有命之，应唯敬对。进

---

① （清）曾国藩：《曾国藩家书》，张峰书整理，万卷出版公司2009年版，第214页。

② （清）王永彬：《围炉夜话的启示》，丁湛译写，汉欣文化事业有限公司1985年版，第192页。

③ 左民安：《汉字例话》，中国青年出版社1984年版，第193页。

④ 徐复观：《中国人性论史》，华东师范大学出版社2005年版，第15页。

⑤ （清）朱骏声：《说文通训定声》，中华书局1984年版，第741页。

⑥ （清）孙诒让撰：《墨子闲诂》（上），中华书局2001年版，第199页。

⑦ （唐）杨倞注：《荀子》，据宋台州本景刊，清道光十年刊于日本东京。

退周旋慎齐，升降、出入、揖游，不敢哕噫，嚏咳、欠伸、跛倚、睇视，不敢唾洟。”（《礼记·内则》）侍养父母时，也应该谨慎顺从，不敢有冒犯违逆之举。从文献可以得出，“慎”有“顺”意。《说文·页部》：“顺，理也。”《礼记·月令》：“凡举大事，必顺其时，慎因其类。”“顺”的本义是“顺应”“顺从”“依顺”，但“顺”不是对个人意志的盲目服从，而是对事理、天道规律的遵循。“慎”取“顺”义，意在说明人不能为所欲为，应该限制和约束自己的思想和行为，使其遵循天道运行的规律，符合事理。

《尚书·虞书·皋陶谟》：“慎厥身，修思永。”《尚书·虞书·益稷》：“慎乃在位。”清人孙星衍将两个“慎”皆释为“静”，[①] 可见，“慎”有“静”义。《尔雅·释诂上》曰：“慎，静也。”《辞书·尔雅注疏》：“慎者，谨静也。”北宋人邢昺认为“慎”“静”皆是“安静”之意。[②]《诗经·邶风·柏舟》：“静言思之。”《国语·晋语七》：“无忌镇静。”《大戴礼记·曾子制言中》：“退则能静。”以上文献中“静”皆谓“安静”义，是不为物欲所动、不为外物所扰、不为情绪所激的沉着冷静的心理状态。朱熹将内心的“安静”解释为“心不妄动”。（《四书章句集注·大学章句》）老子有言：“不欲以静。”（《老子·道经》）“欲静则平气”（《庄子·杂篇·庚桑楚》），“定而后能静，静而后能安”（《礼记·大学》），“气志虚静恬愉而省嗜欲”（《淮南子·精神训》），安静淡定的心理状态通过“平心静气”而获得，戒除内心浮躁，限制自身欲望、平静激动情绪才能实现“心”静。“慎”取“静”义，是指抑制躁动的欲望、控制冲动的情绪，使内心保持淡定安宁而进行的自我“收敛”和自我约束的努力，只有在这种情况下才能保持清醒、理智的头脑，看清事态发展趋势，客观地分析道理，所以“静”是“慎”的应有之义。

慎，还有“戒”义，《诗经·大雅·荡之什》之“秉心宣犹，考慎其相”，郑玄将此“慎”训为“戒”[③]。《吕氏春秋·孟秋纪》中“禁止

① （清）孙星衍：《尚书今古文注疏》（一），上海商务印书馆 1929 年版，第 58、70 页。

② （晋）郭璞注，（宋）邢昺疏：《尔雅注疏》，北京大学出版社 1999 年版，第 19 页。

③ 转引自宗福邦、陈世铙、萧海波主编《故训汇纂》，商务印书馆 2003 年版，第 817 页。

奸，慎罪邪”，高诱将“慎”也释为“戒”[①]。古代文献中通常也以“戒”代“慎”，如“夜行昼居，戒也”（《庄子·外篇·山木》），“戒审四时以别息，异出入以两易”（《管子·幼官》），两个“戒”字与“慎”义同，可见，在一定的语境内，“慎”有“戒”义。《说文》言：“戒，警也。从廾从戈，以戒不虞。”“警戒”“戒备”“戒惧”常连用，皆有提防警备之义，与“惕”义同。然“戒”还有“敕”意，即整顿、整饬、戒除恶习，使之不犯错误，现代语境中的戒烟、戒酒、戒赌就取“戒”之改掉、戒除之意。如“戒过慎微，不敢纵其欲也”（《淮南子·主术训》），“自敕自治，故可无刑罚而治也”（《太平经·己部》）。“慎”与“戒”相通，不仅说明“慎”有警惕、戒备的意思，也含有戒除自身缺点和坏毛病之意，所以在古文中“慎”与“勿”“毋”“莫”等连用表示禁戒。[②] 如“慎勿师心自任，取笑旁人也”（《颜氏家训·文章》），“慎言，毋妄语也”（《太平经·丙部》）。

“慎”之“收敛”义已完全不同于“慎”之“警觉”义，其关注的向度不只是外在的危险事物和环境，而在于人自身，是通过控制情欲、节制欲望、戒除缺陷的努力而使人的思想和行为都合于道理的实践和努力。

3. “慎”之“持重”义——“慎”与“神”“重”“珍”

“慎”有“持重”义，就是对人或事高度重视，认为其十分重要，从内心生发出一种珍惜、贵重的情感，并在行为中表现出沉着稳重、不轻浮。“慎”的这一义项的体现便是“神”“重”“珍”，三者往往可以相通。《尔雅·释诂》：“神，慎也。”《逸周书·宝典》：“行之以神。”郝懿行用“慎”释“神”[③]。“神”与“慎”的含义有相通之处。《说文·示部》说：“神，天神，引出万物者也。”“神”，原意为天神，是神奇与力量的象征，引申为人对“天神”的崇敬、尊重的心理。又《荀子·非相》：“宝之、珍之、贵之、神之。”王念孙将“贵之、神之”

---

① （东汉）高诱：《吕氏春秋注》，四部丛刊初编子部，上海商务印书馆缩印明刊本，第40页。

② 吕景和、钱晔、钱中立：《汉字古今形义大字典》，黑龙江人民出版社1993年版，第119页。

③ （清）郝懿行：《尔雅义疏》，国学基本丛书简编，商务印书馆，第108页。

解释为“贵之、重之”[①]。又《尔雅·释诂下》释“神”为“重”。所以“神”就是表达在人的心目中以“神”为“尊”，以“神”为重的意义。王先谦注：“神之，自神异其说，不敢慢也。”[②]“神”有谨慎、不敢怠慢的意思。于此，“慎”与“神”义同，是对事或人重视、尊崇的心理，并摒弃行为和态度上的慢待和随意。

古代文献中经常“重”“慎”连用，或曰“慎重”，或曰“重慎”。如，“子知畏之，则可长生无凶矣；不知畏之，则天已易去子矣，宜重慎之”（《太平经·己部》），“君子重慎，自知无过，如日月之蚀，无阴暗食人以不洁清之事”（《论衡·雷虚篇》）。说明“慎”与“重”必意义相近或相通。“葬也者，藏也，慈亲孝子之所慎也”（《吕氏春秋·节丧》），高诱将“慎”释为“重”[③]。《文选·孔融·荐祢衡表》中“陛下笃慎取士”，刘良也训“慎”为“重”[④]。由此可知，“慎”有“重”义。“重”又有“尊”义，[⑤]“孝子之重其亲也”，“孝子之重之不怠”（《吕氏春秋·节丧》），两个“重”字高诱都将其注为“尊”[⑥]。即尊崇、敬重、重视之意。古人以“重”释“慎”，说明“慎”是尊敬他人、重视自己所做之事的态度。《尚书·微子之命》：“恪慎克孝，肃恭神人”，所言“慎”是对神、对祖先的崇敬；《礼记·昏义》：“敬慎重正而后亲之”，“慎”是夫妇之间的相互尊敬 ；《说苑·敬慎》：“修身正行，不可以不慎”，“慎”是对自身修养的重视。

“慎”还有“珍”义，经唐兰先生考释，“真”的初文是“珍”[⑦]，“慎”，从心，从真，所以廖明春先生得出“‘慎’是‘心’、‘珍’之

---

① （清）王引之：《尔雅述闻》，《经义述闻》卷二十六。

② （清）王先谦：《荀子集释》（上），沈啸寰、王星贤点校，中华书局 1988 年版，第 86 页。

③ （东汉）高诱：《吕氏春秋注》，四部丛刊初编子部，上海商务印书馆缩印明刊本，第 57 页。

④ 转引自宗福邦、陈世铙、萧海波主编《故训汇纂》，商务印书馆 2003 年版，第 817 页。

⑤ 唐文：《郑玄辞典》，语文出版社 2004 年版，第 517 页。

⑥ （东汉）高诱：《吕氏春秋注》，四部丛刊初编子部，上海商务印书馆缩印明刊本，第 56—57 页。

⑦ 唐兰：《唐兰先生金文论集》，紫禁城出版社 1995 年版，第 32 页。

会意”[①]。如《尚书·夏书·五子之歌》：“弗慎厥德，虽悔可追”，《礼记·大学》：“君子先慎乎德”，《孔子家语·观周》：“温恭慎德”，所言“慎”皆为“珍”意。[②]《说文·玉部》有言：“珍，宝也。”本义是珠玉等宝物，后引申为“重视”“珍惜”“珍爱”之意。[③]廖名春先生以“珍”释“慎”，说明“慎”有“心理珍重”之意，而所谓“慎德”“本义也应是重德、宝德、贵德”[④]。“慎”之“惧”“忧”“惕”义与“慎”之“神”“重”“珍”义虽然都是人的心理状态，但二者的心理取向是不同的，前者是负向的、消极的、被动的心理反应，后者则是正向的、积极的、由人内心中主动生发的情感。前者使人在恐惧、恫吓下消极而为，后者则使人的行为由消极的自我约束转化为主动的、自觉的、积极的努力，由此“慎”具有了真正自主、自觉的内涵。

4. “慎”之“认真”义——“慎”与“真”“审”“密”

“慎”之“认真”义随“慎”之“持重”义而生，是“神”“重”“珍”的内在心理情感在行为上的表现，是一丝不苟，审慎严密的做事方式。在古代文献中，关于“慎”的阐释能表达这一义项的是“真”“审”“密”。“真者，慎之固也。”（《韩非子·解老》）俞樾《群经平议》有言：“慎、真，古通用。”“慎”，从心，从真，“真”的初义为“珍”，后“‘真’被借作‘真假’之‘真’”[⑤]。“真者，犹不过为淳一不杂之称。”[⑥]“真”就是“真实”“确实”，是事物的本质、本性、本来面貌。[⑦]“慎”就是小心、细心、用心去求得事实真相。《礼记·王制》：“意论轻重之序，慎测浅深之量，以别之。”《太平经·壬部》：“各慎其职，各明其事。”其中“慎”皆有弄清楚及“明确”“认真”“仔细”之意。

“取舍之间，尤宜审慎。”（陆心源：《唐文拾遗》）“罪疑从轻，加

---

① 廖明春：《中国学术史新证》，四川大学出版社2005年版，第107页。

② 同上书，第111页。

③ 王朝忠编注：《汉字形义演释字典》，四川出版集团、四川教育出版社2006年版，第748页。

④ 廖明春：《中国学术史新证》，四川大学出版社2005年版，第111页。

⑤ 邓和：《中国文字结构选解》，学苑出版社2001年版，第372页。

⑥ 汤可敬：《说文解字今译》，岳麓书社2002年版，第1114页。

⑦ 谷衍奎：《汉字源流字典》，华夏出版社2003年版，第535页。

审慎之心”（《二十五史·汉书》），“举动审慎而无愆失”（《二十五史·魏书》），“以静止明察，审慎用刑”（《十三经注疏·周易正义》），古代文献中，“审”“慎”经常作为一对相近或相同的词语而连用。《诗经·小雅·巧言》：“予慎无辜”，朱熹将“慎”注释为“审”[①]。杜预在《十三经注疏·春秋左传正义》中直接将“审”定义为“慎”，即“审者，言其谨慎之意也”。《吕氏春秋》：“审民所终”（《音律》），“审棺椁之厚薄”（《孟冬》），“此小物不审也，人之情不蹷于山，而蹷于垤”（《慎小》）。高诱将此三“审”字均注为“慎”。[②] 可见，“审”“慎”连用是因为二者意义相通，“慎”有“审”义。《说文·宀部》：“审，悉也。知审谛也。”“审”的本义是“审察”，如“审伦而明其别”（《大戴礼记·本命》），王聘珍注“审”为“察”，而“审察”就要“周密”“详实”“细致”，才能得出“真实”“确定”的结果。[③]《尔雅·释诂下》有言：“慎、详、悉俱审声之递转，其义即存乎声也。”所以，“慎”有“审”义，是人们为获得对事实和真理的认知，而运用的认真思考、细密分析、反复推究的思维方式。

“慎”也有“密”义。“君不密，则失臣；臣不密，则失身；几事不密，则害成。是以君子慎密而不出也。”（《周易·系辞上》）“谨慎周密”（《史论·前汉纪·荀悦》），《荀子·尧曰》：“其为人宽好自用以慎”，王先谦将“慎”释为“谨密”[④]。“密”有周密、精密、严密、细密之意，指做事周严、细致、不疏漏。[⑤] “言不周密，反伤其身”（《管子·宙合》），“文理密察，足以有别”（《礼记·中庸》），“意疏不密，临事不识”（《论衡·程材篇》）。“慎”有“密”义，指考虑问题、说话做事、一言一行严谨、周全、缜密。所以，“慎”之“认真”义，不仅是对问题严肃对待、不苟且的态度，也是审慎、细密的处理问

① 转引自宗福邦、陈世铙、萧海波主编《故训汇纂》，商务印书馆 2003 年版，第 817 页。

② （东汉）高诱：《吕氏春秋注》，四部丛刊初编子部，上海商务印书馆缩印明刊本，第 36、56、181 页。

③ 左民安：《汉字例话续编》，中国青年出版社 1994 年版，第 72 页。

④ （清）王先谦：《荀子集释》（上），沈啸寰、王星贤点校，中华书局 1988 年版，第 548 页。

⑤ 谷衍奎：《汉字源流字典》，华夏出版社 2003 年版，第 1333 页。

题的方式。能够全面、周密、详尽地思考问题、认识事物，不疏忽任何一个细微部分，不以偏概全，不大而化之，也就做到了谨慎。

总之，“慎”的一般意义为“小心在意”，又兼有“警觉”“收敛”“持重”“认真”四个方面的语义内容，是警惕灾祸和过失，收敛自我情性，对人对事珍重敬爱，严谨认真的心理情态和行为方式。

（三）近义、反义辨析

文献中还经常有“谨慎”“谦慎”“勤慎”等词语出现，“谨”“谦”“勤”与“慎”义相近，将三个词语与“慎”进行比较分析，有助于更加深刻地理解“慎”的内涵。“懦”“忍”“卑”“躁”“轻”“疏”与“慎”义相反，过“慎”为“懦”“忍”“卑”，不及“慎”为“躁”“轻”“疏”，将“慎”与它们作以区分，更有助于准确把握“慎”的内涵。

1. 慎与谨、谦、勤

《说文·言部》将“谨”“慎”互释，本义为小心谨慎，“谨”作为“慎”的同义词或近义词使用。古代文献中通常“谨”“慎”并列使用，如谨小慎微，谨言慎行，“慎谨以行之”（《荀子·仲尼》），“圣人谨慎其所积”（《淮南子·全言训》）。“谨”“慎”都有“慎重”义，但二者稍有不同。“谨”引申为“严禁”“严守”“严防”，更加强调态度严肃，一丝不苟。如“以谨罔极”（《荀子·王制》），“以谨无良”（《诗经·大雅·民劳》），“谨庠序之教”（《孟子·梁惠王上》）。相对于“慎”而言，“谨”则更具有严格，不允许有任何错误和纰漏发生之意。“谨”“慎”连用等于双重肯定，是对“慎”本身所具有的严密谨慎、认真不苟之意的强调。

《说文·言部》：“谦，敬也。”本义是说话恭谨，不自满。[①]“慎”也有“敬重”“戒除骄逸”之意，二者意义相近，所以经常有“谦虚谨慎”“谦恭谨慎”“谦慎”等词语出现。“谦”是“抑己之高”和“卑

---

① 谷衍奎：《汉字源流字典》，华夏出版社2003年版，第731页。

己下人”[①]，不自以为是、不妄自尊大，是对自我的理智认识态度，同时也是正确处理与他人关系的一种方式，尊敬他人、谦虚退让。戒除自满，时时警惕自己的骄逸之心，不放纵、严格约束和要求自己，这便是谨慎；敬重他人，在他人面前不轻浮、不随意，谨言慎行，不因为自身言行伤害他人，也是谨慎。可以说，“慎”是“谦”的一种表达方式，“谦”是“慎”在修养自身及与人相处方面所具有的特殊内涵。

古代文献中也经常将“勤”与“慎”并提。如“恭慎恪勤”“清俭勤慎”“小心勤慎”等。《说文·力部》：“勤，劳也。”本义为劳动、劳累、辛苦。因不辞辛苦而引申为“尽心尽力地做”[②]，即做事不偷懒，勤恳努力。“勤”还有“忧”意，《吕氏春秋·古乐》中“勤劳天下”之“勤”字，高诱注为“忧”[③]。《诸子平议·扬子法言二》：“或问民所勤”，俞樾也将“勤”释为“忧”[④]，即以天下和民众疾苦为忧，而勤劳努力。所以“勤”有因忧虑、忧愁而尽心尽力之意。“慎”亦有此意，是因为忧患，而专注做事、全力以赴。二者不同在于，“勤”，从“堇”、从“力”，即辛勤劳动、勤恳不倦，更强调一种坚持不懈的意志力。“勤”“慎”并用，是“慎”在做事方面所表现出的独特内涵。“兢兢业业”，做事谨慎勤恳就是对二者内涵融合的最佳表述。

2. 慎与懦、忍、卑

“懦”即“怯懦”“软弱”，因过于“慎”而引起，作为与“慎”内涵相反、相对的词语而存在。孔子有言：“慎而无礼则葸。”（《论语·泰伯》）王夫之说：“慎者，美德也，而过用之，则流于葸。”（《杂著·慎》）[⑤]朱熹注“葸”为“畏惧貌”。（《四书章句集注·论语集注》）杨伯峻将其解为“胆怯”“害怕”[⑥]，也就是说过分的谨慎就会胆

① 吕耀怀：《“谦德”的德性传统及其当代命运》，《道德与文明》2007年第3期，第18页。

② 王朝忠：《汉字形义演示字典》，四川辞书出版社2006年版，第167页。

③ （东汉）高诱：《吕氏春秋注》，四部丛刊初编子部，上海商务印书馆缩印明刊本，第33页。

④ （清）俞樾：《诸子平议》，商务印书馆1935年版，第69页。

⑤ （明）朱舜水：《朱舜水集》（卷十七），朱谦之整理，中华书局1981年版，第496页。

⑥ 杨伯峻：《论语译注》，中华书局2008年版，第79页。

小怕事，懦弱畏缩。《说文·心部》："懦，驽弱者也"，"懦"的本义是胆小、软弱。"懦"与"慎"都由"惧"而产生，但二者面临"畏惧"的表现是不同的："懦"表现为软弱而缺乏力量，没有任何信心和勇气，对困难和危险一味地消极避让；而"慎"则是"临事而惧，好谋而成"（《论语·述而》），对待灾难、危险时刻保持忧患和警觉，沉着、冷静、审慎谋事，积极面对困难，坚定意志和信念，勇敢地迎接挑战。由此言之，谨慎不是懦弱、退却，而是具有勇气的智慧，是智慧指导下的力量。

"忍"与"慎"也关系密切。在儒家的话语系统中"忍"并不是一个贬义词，如"坚忍""忍辱负重"，是对人具有极强的意志力的表达，既指人能够抑制、克制某种情绪和感受，又指人在艰难困苦中不屈不挠、坚强忍耐。《说文·心部》："忍，能也。"《荀子·儒效》："志忍私然后能公，行忍情性然后能修。"两个"忍"字都有克制私心、放纵的私情之意。所以孔子说："小不忍，则乱大谋。"（《论语·卫灵公》）"慎"也有克制、收敛情欲之意，但"忍"在这一点上有过之而无不及，一味地忍耐，会丧失自己的主见和独立意志，成为无所不从的顺民，丧失改革和进取精神。所以过分地谨慎、自我克制很容易造成对他人的绝对忍耐和顺从，放弃自己的独立意见，不敢坚持道义和原则。

"卑"也不全然具有否定义，"谦谦君子，卑以自牧"（《周易·谦卦》）中"卑"就是"谦恭""谦卑"之义。《说文》有言："卑者，贱也。执事也。"原指身份、地位低贱，后引申为"轻视""卑薄"，而对自己的轻视就是自卑，看不起自己。"慎"则不然，是在对自己有清醒的认识前提下，"克制""抑制"自我，戒除己过，完善自身。过于"慎"则会胆小怯懦，什么都害怕，什么都不敢做，久而久之就会看低自己，否定自我，所以，从这一义而言，"自卑"是由于过度谨慎而产生的对自我的不正确认识。综合"懦""忍""卑"三者与"慎"的关系，懦弱、极端忍让和自卑是由于过"慎"而引起，是因为过度"谨慎"而产生的流弊。所以，明晰三者与"慎"的区分，有利于把握"慎"的度，更加明确"慎"的内涵。

3. 慎与躁、轻、疏

"躁""轻""疏"是不及"慎"，"躁"是情绪上"浮躁""骄狂”，不自控，与镇静相对；“轻”是“轻率”“鲁莽”，是态度上的不重视，与“持重”相对；“疏”即“粗疏”“疏忽”，是做事不认真，与“细致”“严密”相对。三者作为“慎”的反面而存在，都不利于培养慎德的品质。《说文・走部》：“躁，疾也。”本义是动作急速，后引申为躁动不安，性情急，不冷静。《荀子・富国》：“躁者皆化而悫”，杨倞将“躁”释为“性急”①。《论语・季氏》：“言未及之而言谓之躁”，何晏引郑玄，释“躁”为“不安静”②，王念孙认为“躁”有“妄”义。③ 性情急躁，就会不冷静、不镇定，说话虚妄、做事无根无据。“躁”还有“骄狂”，目空一切之意。如《管子・小匡》：“于子之乡，有不慈孝于父母，不长弟于乡里，骄躁淫暴，不用上令者，有则以告。”此“躁”就是骄傲、放肆、猖狂之意。“慎”则是“抑其躁心”“制其躁意”，控制人易于激荡、得意、焦急、狂躁的情绪，时时保持清醒、沉稳和冷静。

“轻”即不重视，就是轻慢、轻蔑；“轻”也是不慎重，即轻率、轻举妄动；“轻”更是不严肃，即轻薄，轻浮。“慎”则是不轻举妄动、小心稳重，严肃对待，“轻”与“慎”义正相反。“轻”作为“慎”的反面，因为在说话、做事的过程中重视程度不够，没有经过细致的思考，甚至任性随意，不够谨慎，所以危害性极大。“轻言者则多悔，轻动者多失，轻诺者寡信，轻毁者寡交，轻合者易离，轻喜者易怒，轻取者必争，轻听者必疑。”（石成金：《传家宝・群珠》）“言轻则招忧，行轻则招辜，貌轻则招辱，好轻则招淫。”（《法言・修身》）所以要做事成功、善与人交、避患寡过就必须“谨慎”，戒除“轻率”“鲁莽”。

“疏”也与“慎”义相反。“疏”有“分开”“分散”“稀疏”之义，如“天网恢恢，疏而不漏”即“不紧密”“疏远”。后引申为人做事的一种方式，即“粗略”“疏忽”“不细致”“粗心大意”，如“有疏则为强国制矣”（《韩非子・五蠹》）、“少出师不足以伤齐，多出师则害于秦也，其于计疏矣”（《史记・范雎蔡泽列传》），此“疏”皆是

① （唐）杨倞注：《荀子》，据宋台州本景刊，清道光十年刊于日本东京。

② （魏）何晏集解，黄侃义疏：《论语集解义疏》，中华书局 1985 年版，第 233 页。

③ （清）王念孙：《广雅疏证》，中华书局 1983 年版，第 137 页。

“粗疏”“疏略”之义。而“慎”则是不忽略任何一个细节，不轻视任何一件小事，周密细致、详细谨慎的做事方式。“疏”同样是因为不及“慎”而与“慎”具有相反的意义。

二　慎之道德内涵

所谓“慎德”是将“慎”作为一种“德性”而言。《广雅·释诂》《释名·释言语》皆把“德”释为“得”，许慎亦将“德”解释为“外得于人，内得于己”。“德”是对“善”的体认，并使内外、人己、身心互得其益，各得其宜。“慎德”成为内在于人的稳定品质，是“谨慎”与道德的结合，是道德主体通过“知善”“行善”“得善”而增益内外、人己、身心的美德品质。“慎”作为德性，首先是具有道德理性能力和道德意志品质的“心灵美德”：在是非、善恶前不迷惑、不盲目；正视自我，不骄傲、不放纵；重视事物，不草率、不粗疏；正确对待他人，不轻信、不盲从。并能够择善去恶、权衡取舍，自觉抑制自己骄躁、鲁莽的情绪和情感冲动，时刻保持清醒、冷静的思维状态。“慎德”也是行为美德，能够在行为上时刻检省自我，戒除缺陷和不足；言行皆有所思考、合宜得当；做事认真、负责；与人相处，“修己安人”。据此，我们把传统慎德的道德内涵概括为如下几个方面。

（一）明辨是非，权衡取舍

“真”与“假”是针对是否符合事物本质，是否具有真实性而言的；“善”与“恶”是价值观意义上的正当和不正当；“是”与“非”是“正确”与“谬误”。可以说，符合事实的、正当的是正确的，不符合事实的、不正当的则是错误的。“是”与“非”兼具事实上的确证和价值上的判断。而“慎”作为德性，首先体现在对事物事实性和正当性的认识和辨别上。孔子主张求得真理性知识和进行价值判断时应该真实诚恳，不欺骗自己，即“知之为知之，不知为不知，是知也”（《论语·为政》），更应该“毋意，毋必，毋固，毋我”（《论语·子罕》），反对主观臆断，不强加于人，不固执己见，不自以为是。其所言“多闻阙疑”“多见阙殆”（《论语·为政》）就是戒除“四毋”，全面分析、多方考虑，言行皆符合事实和价值要求，力求真实、正当的谨慎之举。在孔子的观念体系中，真假、善恶、是非并不是绝对的，明辨它们的区分并非易事，坚持“善”也“难乎有恒”（《论语·述而》）。由此而言，“慎”成为一种道德品质首先在于其理性认知和辨别能力，不仅是对事物真实性的确证和认可，也是对“伪善”“虚假”的明晰和辨别。荀子的“谨慎”思想源于其性恶论思想，人之所以为恶，就在于“曲知之人，观于道之一隅，而未之能识也，故以为足而饰也”（《荀子·解蔽》）。没有对事物本来面貌清醒、全面的认识，由于受蒙蔽，而未能分清善恶、是非。所以荀子认为什么都相信、什么都依从、跟随流俗而没有独立见解的人是“悫士”；唯有能对“善恶”“是非”清晰明辨的人才是君子，才是有“慎德”品质的人。“公生明，偏生暗，端悫生通，诈伪生塞，诚信生神，夸诞生惑。此六生者，君子慎之，而禹、桀所以分也。”（《荀子·不苟》）有所辨别，才能有所取舍，才能有所为有所不为，才能知何以慎，何以不慎，才能做到荀子所言：“耳不听淫声，目不视女色，口不出恶言，此三者，君子慎之。”（《荀子·乐论》）所以“虚假披着真的外衣，恶披着善的外衣、戴着善的面具，恶经常阻碍了善”①。善恶、是非、真假混杂，使人迷乱，所以理智分析、清晰明辨、区分善恶，才是慎德的本质性规定。

权是秤锤，衡是秤杆。确定一个物体的轻重要使“权”不断在“衡”之上移动，反复地比较、衡量，最后确定评定的具体标准。后来逐渐表示在特殊情境内区分哪个有利，哪个有害；比较孰轻孰重；考量哪急哪缓，进而做出适宜取舍的过程。面临着道德困境，如何进行道德选择，更能显示一个人的道德智慧和道德水准。慎德就是在这种道德困境中能够对利害、轻重、缓急进行分析、比较，明智选择的道德能力和道德品质。儒家主张做人做事要坚持原则，但又不主张一味地“执一”，而是在具体的道德情景中通过适当性的调整道德规范来更好地实现道德原则。孟子对其进行了具体的阐释：“男女授受不亲，礼也。嫂溺，援之以手者，权也。”（《孟子·离娄上》）嫂溺于水时，道德困境置于前，伸手援助，有违“男女授受不亲”之礼，不伸手救助，嫂子

① 肖群忠：《伦理与传统》，人民出版社 2006 年版，第 150 页。

的生命危在旦夕。最后孟子选择的是救嫂子于溺水之中，就是在“遵守礼节”和“他人生命”之间进行了权衡和比较，最后得出在当时的情景中挽救人的生命对于遵守礼节而言是更为紧迫、重要、对人更有利的事情。所以孟子主张“困于心，衡于虑，而后作”（《孟子·告子下》）。“权，然后知轻重；度，然后知长短。物皆然，心为甚。”（《孟子·梁惠王上》）做任何事情都应该在心中反复地思虑、度量，不能盲目冲动，更不能主观决策。至于如何进行比较，孟子在回答“以礼食，则饥而死；不以礼食，则得食，必以礼乎?”的问题中得以解答：“不揣其本，而齐其末，方寸之木可使高于岑楼。”（《孟子·告子下》）进行比较应该将双方置于一个水平线上，不能以一方之末去比较一方之本，比较不是随意的，也不是只以一己之利为取舍的标准，而要遵循“礼义”原则，采取合理的比较方法。孟子虽罕言“慎”，但其坚持“权”，并认为“权”不能任意随便，应该谨慎权衡、认真分析、反复比较，正是对“慎德”的最好证明。荀子也主张将对“善恶”“利害”的取舍建立在多方考虑、权衡比较之上。“见其可欲也，则必前后虑其可恶也者；见其可利也，则必前后虑其所害也者；而兼权之，孰计之，然后定其欲恶取舍。”（《荀子·不苟》）所以，儒家将慎作为一种有理性智慧的美德，是对善恶、是非、真假、利害、轻重、缓急的谨慎考量和取舍，不主观随意，避免盲目和冲动，对所取、所舍都有合理性论证，做出符合事理和道义原则的选择。

（二）思而后行，言行合宜

“君子对于处理一切事，取文理密察之方针，以达有别之目的，事前必须慎思明辨，必后行之。若不当行者，则戒之……以虑胜气，思而后行。”[①]“明辨是非，权衡取舍”是“慎德”的理性思维方式，“慎”作为一种美德同样要求处理好“思”与“行”的关系，先思后行，做事、行动不能盲目、冲动，要经过理性思考，为行动提供合理的指导方案。“君子有九思：视思明，听思聪，色思温，貌思恭，言思忠，事思敬，疑思问，忿思难，见得思义。”（《论语·季氏》）“君子见利思辱，

① 陈立夫、吴寄萍：《人理学研究》，台北中华书局股份有限公司1975年版，第166页。

见恶思诟，嗜欲思耻，愤怒思患，君子终身守此战战也。”（《大戴礼记·曾子立事》）儒家所言“思”是“德性之思”“伦理之思”，是旨在实现个体道德完善和人伦关系和谐的理性思维过程，通过理性思虑道德之善去抑制人的冲动和躁气之恶，使人在行为中去恶迁善。孔子认为“思”与“行”双方都应适宜，既不能过分地强调“思”，也不能无思而行。对于“季文子三思而后行”，孔子采取保留意见，认为“再，斯可矣”（《论语·公冶长》）。“为恶之人，未尝知有思，有思则为善矣。然至于再则已审，三则私意起而反惑矣，故夫子讥之。”（《四书章句集注·论语集注》）“先思后行”是谨慎，行没有思虑就会为恶，但思虑太多、过于仔细，又会使谨慎成为胆小、自私、怯懦。所以，在孔子处，行前是否有思决定了“慎德”的“善”质，而“思”“行”是否合宜则保证“慎德”不产生流弊。思孟学派强调“思”对于“行”的作用，认为人具有“不学而能，不虑而知”（《孟子·尽心上》）的先天善性，这种善性需要通过思虑工夫来实现。即“思诚者，人之道也”（《孟子·离娄上》）。孟子言“思”是对“仁”“义”“礼”等“善”的道德价值的“思而后得”，行善是性善的自然体现。《中庸》将“慎思”“明辨”置于“笃行”之前，也意在说明思善才能行善，“思”是人行为无过、中庸合宜的必要前提。荀子则认为行重于思，通过行与外在环境的接触，形成感性的认识，并在行中检验认识，进行理性的思考。但荀子并不否定“思”对于“行”的作用，“知明而行无过”（《荀子·劝学》），有正确的认识、理性的思考可以为行为提供指导，避免行为上的过失。综上而言，儒家关于“思”与“行”关系的理论出发点虽有不同，但对于行为不能任意、随便、盲目、冲动，要经过理性的思考，选择正确的、善的行为方式则是儒家的共识。

“言行合宜”是慎德在个人修养方面最重要的内涵，是慎德在道德行为方面的主要体现。言行合宜建立在谨慎思考的基础之上，如吕坤所说：“话休不想就说，事休不思就做。”（《呻吟语·应务》）言行不盲目、不躁动，“言不轻发、事不轻举”①（赵谦：《造化经纶图》），说

① （明）黄宗羲撰：《明儒学案》，载《四部备要·子部》，上海中华书局据郑民补刻校刊，第34页。

话、做事之前深思熟虑、反复思考、周密部署，才能言行适宜。儒家十分重视谨言慎行。《礼记》中有言："谨于言而慎于行。"（《礼记·缁衣》）汉代思想家贾谊也说："智者慎言慎行，以为身福；愚者易言易行，以为身灾。"（《新书·大政》）言语和行为都小心谨慎，说话合宜、做事得体是慎德的重要要求。"言行合宜"就是当言则言，不当言不言；当为则为，不当为不为。何为"当言"与"当为"，就是使言语和行为都适当，"合礼""合理""适时"，并且处理好言与行的关系，言行相顾、多行少言、先行后言。"非礼勿言""非礼勿动"（《论语·颜渊》），"礼"是言行的规范和准则，符合"礼"的言行才是适当合宜的，言行合"礼"是谨慎遵守"礼"的道德规范，以"礼"制约言行的结果，"合礼"是言行合宜的首要条件。言行合宜，更要做到言行合理，保证言行符合事理，言之有物，所行中肯。孔子称赞其弟子闵子骞"夫人不言，言必有中"（《论语·先进》），孟子赞誉孔子"可以仕则仕，可以止则止，可以久则久，可以速则速"（《孟子·公孙丑上》），皆因为二者言行符合事理。要做到言行合理，就要说话符合事实，不轻言、不说假话，行为要进退得当、急缓有度、坚持原则、符合道义。对什么人、在什么时间、以什么样的方式说什么话、做什么事也是谨慎言行的重要内容。如孔子所言"时然后言"（《论语·宪问》），荀子所言"言而当"（《荀子·非十二子》），董仲舒所言"动中伦，言当务"（《春秋繁露·必仁且智》），人在社会生活实践中，面临的人或事是极其复杂的，所以针对具体对象、依据特别情景、适时选择恰当方式，说话慎重，行为得当不但可以避免过失和祸患，甚至可以取得事半功倍的效果。儒家主张言行合宜更要言行相符，"言顾行，行顾言"（《礼记·中庸》）。所说的话要符合所做的事，务实而不浮夸；更应该说到做到，用行为去践行自己的诺言。孔子反对"巧言令色"（《论语·学而》）、言行不一、光说不做、言语空洞不实的"佞者"（《论语·先进》），所以强调"讷于言，而敏于行"（《论语·里仁》），少言多行、言在行后。

（三）持盈惧满，省察克治

"盈，满器也。"（《说文·皿部》）《广雅》将"盈"释为"满"。

《博雅》也说："盈，满也，充也。""盈"就是"满""盛"，是一种丰足、圆满、旺盛的状态，"持盈"就是保持这种状态。由于满招损、盈生亏、盛入衰，所以"惧满"，对"满""盈""盛"的状态时刻忧惧、警觉、慎重，防止过"满"而导致亏损和欠缺，便成为"持盈"之道。"惧满"就是对"满"的警惕、忧患，就是"慎满"，是"慎"之道德内涵的重要内容，具体为"谦损处缺""有备无患"的"持盈"之道。"谦损处缺"是"尊人卑己"、戒除自满、自负，使自己处于一种不足、不满、有所缺失的状态。"孔子通过观察鲁桓公庙宇中'虚则欹，中则正，满则覆'的欹器得出'聪明圣知，守之以愚；功被天下，守之以让；勇力抚世，守之以怯；富有四海，守之以谦。此所谓挹而损之之道也。'"（《荀子·宥坐》）"谦损"是对骄傲自满的警觉，是满盈虑谦、富贵不骄、功禄不伐的自我克制方法，也是"亡而为有，虚而为盈、约而为泰"（《论语·述而》）的辩证思维方式。慎德"谦损处缺"的道德内涵，是在对自身和外在事物具有理性认识的基础上，对自我情绪的智慧调节，使人生成功得意时，冷静谨慎，戒骄戒躁，失意时，也可以积极面对，乐观向上。"有备无患"是因人对"盈""满"状态的清醒认识而进行的避免过满、过盈状态发生的忧患意识和防备措施。"有备"是时时刻刻、无时不有的道德努力。如孔子所言："危者，安其位者也；亡者，保其存者也；乱者，有其治者也。是故君子安而不忘危，存而不忘亡，治而不忘乱，是以身安而国家可保也。"（《周易·系辞下》）无论身处危险、贫穷还是安逸、富贵，任何时候都应该忧虑、绸缪，多做防范、早做打算，才可以防患于未然、治乱于及时。"有备"就是时刻准备、慎重谋划、谨慎防范。吕坤将"有备"作为实现"慎德"的重要条件，"备之心，慎之之心也"（《呻吟语·存心》）①。"恃备而不慎，则备也者，长吾之怠者也，久之必穷于所备之外。恃慎而不备，是慎也者，限吾之用者也，久之必穷所慎之外。"（《呻吟语·存心》）② "有备"是积极的作为，慎而无备，必然流于消极怠惰，无所作为，所以"有备"是"慎

① （明）吕坤撰：《吕坤全集》（中），王国轩、王秀梅整理，中华书局2008年版，第622页。

② 同上书，第623页。

德”的重要内容。

王守仁在《传习录上》说：“省察克治之功，则无时而可间，如去盗贼，须有个扫除廓清之意。无事时，将好色、好货、好名等私，逐一追究搜寻出来，定要拔去病根，永不复起，方始为快。”省察克治就是对自身缺点的自知、自省、自制，使道德臻于完善的修养工夫，能省察克制才能“谦损处缺”“持盈有备”“警戒盈满”。慎德在个体修养方面要求时时自省、自制，收敛个人情性，避免因盲目、冲动、鲁莽、粗疏而导致的灾祸，就是“省察克制”。“省察克制”与“持盈惧满”同为“慎德”的道德内涵。“省察克治”首先在于自知，自知是自省、自制的前提。自知就是清醒地认识自己，对自己有正确、客观的评价，掌握、了解自己之长和自己之短。“知者自知”（《荀子·子道》），“存亡安危，勿求于外，务在自知”（《吕氏春秋·不苟》），能够认识自己是智者的品德，更是避患远祸的关键。一个不自知的人，或自我贬损，或自以为是，行为之前不能给予自身以合理的考量，行为中或妄自菲薄、退缩恐惧，丧失获取成功的机会，或妄自尊大、自负鲁莽，招致不可挽回的后果。不自知的实质与慎德是完全相悖的，使谨慎或流于懦弱畏惧，或成为其反德，自知的人才能谨慎，自知的人才能为可为、能为、当为之事，自知是慎德的应有内涵。自我反省就是时刻检查、警省自我，有则改之，无则加勉；更能“反求诸己”，自问、自责，从自身寻找没有达成预期效果的原因，在加深自我认识的同时，更有利于戒除自身缺陷和不足。自省是儒家极为重视的修养方法，孔子有“见贤思齐焉，见不贤则内自省也”（《论语·里仁》）。“曾子曰：‘吾日三省吾身’”（《论语·学而》），孟子也说：“爱人不亲，反其仁；治人不治，反其智；礼人不答，反其敬。”（《孟子·离娄上》）自反、自省是对自身的监督和检省，是以完善自身为目的、具有道德理性的反复思考，是对自我责任和义务的自觉认同和担当。所以，能够自省的人必然真诚慎重、一丝不苟、认真负责，不会昧着良心做事，更不会敷衍了事、瞒混过关。“慎德”以“省察克治”为内涵更主要体现为“自制”，能够自制是具有坚强意志力的体现，是控制自身情绪和欲望、戒除自身缺陷和不足的道德努力。慎德在道德个体的自身修养方面要求不得恣意妄为、随意任性、胡作非为、放纵自我，要以道德规范严格要求自己，不断地进行制约自我、控制自我的斗争就是自制。能够自制的人可以镇静而不冲动；平淡而不感情用事；淡泊名利，而不嗜欲无度；更能在成功得意、高兴激动、受宠得喜时自控、自制，淡然处之。总之，省察克治就是正确认识自我、时刻检省不足、自觉控制情欲的自我修养过程，是谨慎成为美德所应有的道德内涵。

（四）敬事趋善，守分尽职

慎德的道德内涵还表现在做事的目的、态度和方法上。慎德主张做事不轻视、不草率、不粗疏，就是“敬事”，是做事时“敬慎持重”的内在心理态度、“庄重严肃”的外在言行表现和“专心认真”的行事方法。谨慎做事更要以“善”为道德目的和价值追求，这是慎德的根本所在。在儒家道德体系内，孔子以“仁”为最高善，孟子主张仁义之善，荀子更加注重礼义之善。谨慎做事以这些道德价值为根本目的，依从善的价值导向才能真正成为德行。由此而言，“敬事趋善”，做事以善为目的，敬重、认真、专心是慎德的应有内涵。“敬重”是做事过程中的一种谨慎、恭敬、重视的态度。“恪者，心敬也。”[①]“夫肃肃，敬也。”（《礼记·乐记》）荀子曰：“恭敬以先之，忠信以统之，慎谨以行之……”（《荀子·仲尼》）“敬重”是成就慎德的关键，是谨慎本身所内含的一种心理态度，是谨慎行为的心理要求。没有恭敬的心理、重视的态度，谨慎也就失去了原因，人的行为自然会表现出无所顾忌、放荡不羁。所以敬重是慎德在做事层面的起点，是慎德的应有之义。做事不随便、不轻浮，庄重、严肃也是谨慎做事的主要内涵。孔子“沐浴而朝”（《论语·宪法》），孟子曰：“斋戒沐浴，则可以祀上帝。”（《孟子·离娄下》）祭祀天神、朝拜君主都应该仪容庄重，态度严肃。“人而怀战惧之心，则必斋庄严肃”（《朱子语类·大学三》），内怀敬畏之心，仪容、言语、行为就会表现出端庄肃穆，时刻注意自己的一言一行，不轻佻，不傲慢。在做事的过程中专心致志、谨慎认真是慎德最重要的内容，孟子十分重视专心致志的修养方法，“弈之为数，小数也，不专心致志，则不得也”（《孟子·告子上》）。下棋虽然简单，不专心，

---

① （晋）郭璞注，（宋）邢昺疏：《尔雅注疏》，北京大学出版社1999年版，第34页。

也无法达成。宋明理学家程颢、程颐将“敬”解释为“专一”，“大凡人心，不可二用，用于一事，则他事便不能入者，事为之主也……所谓敬者，主一之谓敬。所为一者，无适之谓一。且欲涵泳主一之义，一则无二三矣”（《河南程氏遗书·卷十五》）。朱熹也认为所谓敬，“止是教人再事习个专一而已”。“随事专一、谨畏、不放逸耳。”（《朱子语类·卷十二》）“专心”就是将“心”全部置于一事，注意力高度集中，全神贯注，做事时不三心二意、不心猿意马；“认真”则是仔细、严密，关注细节、注重全面，不因为粗疏而出现纰漏，也不因为大意而发生错误。慎重、严肃、专心、认真可以规制人粗疏、放荡、任意、随便的个性，避免因不慎而发生的过失，是慎德的主要内涵。

在中国传统社会，什么事应该做、什么事不应该做、什么事必须做、什么事一定不要做是与个人的身份、地位、角色有关的。“中国人的‘个体’无法对自己下定义，必须由‘仁’这种‘二人’关系才能‘定义’自己。”[①] 这种“二人”关系的基本模式就是“伦”，即“君臣”“父子”“夫妇”“昆弟”“朋友”（《礼记·中庸》）等二人相偶的人伦关系。“伦”使每个人在相互关系中都确定了自己的身份和角色，而与不同角色、身份相对应的义务和责任就是“分”，“父慈，子孝，兄良，弟弟，夫义，妇听，长惠，幼顺，君仁，臣忠”（《礼记·礼运》），“为人君，止于仁；为人臣，止于敬；为人子，止于孝；为人父，止于慈；与国人交，止于信”（《礼记·大学》）。承担身份和角色所赋予的特殊义务和责任，才能尽人伦之道。传统的人伦秩序又是尊卑有等、亲疏有别、长幼有序的，要求“君君、臣臣、父父、子子”（《论语·颜渊》），每个人都应该在自己的角色范围内各司其职、各尽其分，不允许僭越自己的角色去做不符合自己身份的事情。所以，在传统的人伦秩序要求下“安分守己”“担当义务”“尽职尽责”也是慎德的道德内涵。孔子有言“不在其位，不谋其政”（《论语·泰伯》），“曾子曰：‘君子思不出其位。’”（《论语·宪问》）做合于自己身份、地位、角色的事情，就是“安分守己”。能够做到“安分守己”的人对自己的角色、身份有着清醒、理智的认识，并以其作为自己应该、不应

---

① 孙隆基：《中国文化的深层结构》，广西师范大学出版社2004年版，第29页。

该、可以、不可以的规范限制，一切行为都以是否合于“分”为标准，安于自己的本分，谨慎遵守规矩，不违反原则，不越位、不冒进。超出身份、角色范围的事不做，而在其范围内则应该认真履行义务，各尽彼此应尽之道。所以为了保存自我而逃避责任的谨慎不是美德，只有明晰自己的使命和义务，认真履行，勇敢承担，不放弃、不推托的谨慎才能成为美德。职，专指执行某种事务，承担某种社会角色、分内应做的事以及应当履行的义务和责任。身在其职，当尽其责，尽心尽力，有所担当，也是慎德应有的道德内涵。

（五）知人识人，修己安人

慎德还体现在人际关系和人际交往中，要与人恰当地交往、和善人际关系，就必须“知人识人”，认识、识别他人的诚伪、善恶、是非；并且能够“修己安人”，修养、克制自己，体谅他人、理解别人。“知人识人”有利于提升个人修养，也是与人正确交往的前提，更是选用人才、治国安邦的关键。然而，做到这一点是极其艰难的。陈立夫先生将圣人论述知人之难归结为四点：“人心不同，各如其面，形乎外者未必存乎内，有似是而非者，亦有似非而是者，虚虚实实，真伪难明”，人的内心和外在表现通常是不一致的，透过外表，洞彻内心，辨清虚实、真假、是非是艰难的；“人之智能才具，互有短长，观察者所知有限，知长不知短，知短不知长，皆能造成不幸之错误”，人总是优点、缺点俱存，只关注人的优点，或只知道人的缺点，都会形成偏见，很难达到对人的全面认识；“人之学行，时有变动，暮年可能与少壮不同，得意时可能与失意时不同，艰危时可能与平时不同”，人是不断变化的，在不同的境遇中又会表现出不同的特点，凭借一时一事的认识也很难认清人的本质特点；“矧在人生，隐现多方，不可穷诘，而察人者又从而自弊或受蔽焉”，由于识人者本身认识能力有限，受到情感等主观因素的影响，也很难理智、清醒地知人识人。[①] 以上识人的诸多困难更加凸显了“慎德”的重要性，没有经过细致、认真的考证，反复地比

---

① 陈立夫、吴寄萍：《人理学研究》，台湾中华书局股份有限公司 1975 年版，第 362—363 页。

较和思考，盲目、冲动、草率、轻信，甚至凭借自己的喜好对人下判断，导致的后果只能是或盲目轻信他人，遭受伤害和损失，或失去“益友”和“人才”。所以谨慎不仅是冷静、清醒、慎重的识人态度，更是具体分析、权衡比较、辩证考察的智慧方式。在识人的过程中提升自我修养、增强自身学识、丰富识人经验，慎辨是非、明晰善恶是谨慎；摒除个人好恶、亲疏的情感因素，控制自己激动、烦躁的情绪，镇定、理智、公正、公平地认识他人也是谨慎；多方面考察、反复比较、具体情况具体分析，严密论证，不轻易得出结论，不轻信他人意见更是谨慎。魏晋时期的刘劭提出的“九征法”，通过观察人的精、神、筋、骨、气、色、仪、容、言来识别人的善恶、智愚、勇怯、强弱、躁静、悲欢、邪正和缓急；通过“交谈法”，实地考察人的道德、学识；通过考察他人在“居”“达”“富”“穷”“贫”时的“所安”“所举”“所与”“所为”“所取”来识别他人①，皆是审慎、智慧的识人之法。由此而言，谨慎识人、明智知人，是慎德在人际交往之维所具有的独特的道德内涵。

“慎”作为人际交往过程中所应具有的德性品质，不仅要谨慎识人，同时还必须修养、完善自我，谨慎自己在交往过程中的行为表现，将心比心，助人利人，避免因一己言行伤害他人。孔子有言：“修己以安人”，“修己以安百姓”（《论语·宪问》）。儒家主张建立良好的人己关系应该以身作则，以修养自身为首务，“一以贯之”之道就是“忠恕”（《论语·里仁》），孔子所谓“忠”是“己欲立而立人；己欲达而达人”（《论语·雍也》）。“恕”是“己所不欲，勿施于人”（《论语·颜渊》）。朱熹对“忠恕”的解释则是“尽己之心为忠，推己及人为恕”（《四书章句集注·中庸章句》）。“忠恕”是以个人为出发点的为人之道，将己心比人心，尽己利人或克己恕人，既能克除自身缺点，不伤害、冒犯他人，又能设身处地为他人着想，体谅、理解他人。对人己关系的考量，对对方内心感受以及所处境遇的体认，对己心与人心的比较，对自身的修养和克制，无不体现慎重、认真、理性、收敛的德性特

① （魏）刘劭著，（西凉）刘昞注：《人物志》，杨新平、张锴生注译，中州古籍出版社2007年版，第31页。

点，是慎德在人己之维的内涵体现。《礼记·大学》有言："所恶于上，毋以使下，所恶于下，毋以事上；所恶于前，毋以先后；所恶于后，毋以从前；所恶于右，毋以交于左；所恶于左，毋以交于右。"《礼记·中庸》说："施诸己而不愿，亦勿施于人。"在"絜矩之道"中，人的道德行为是在己愿与人愿、己欲与人欲、己恶与人恶的换位分析、理性比较之后，在对善恶、是非明辨基础之上所做出的权衡取舍，是以他人所愿、所欲、所恶为重，而进行的严格要求自己、收敛自身情欲的道德自律，从而遏制人骄傲放纵、无所顾忌、肆无忌惮、粗疏鲁莽的个性特点，做事总要考虑到他人的感受，谨慎自身言行，减少与他人的纷争与摩擦，和谐人与己的关系。孔子说："躬自厚而薄责于人，则远怨。"（《论语·卫灵公》）孟子说："言人之不善，当如后患何！"（《孟子·离娄下》）"薄于责人"、不轻言人之不善并不是不责人、不言人之不善，而是对自身提出严格要求，不能妄言妄断，言人、责人必当理，在对他人善与不善做出仔细分析和考量之后，才能做出是否符合道德原则的评价。

三　慎之产生与演变

马克思主义伦理学认为，"考察人类社会的道德现象，最重要的就是要把道德现象放在一定的历史条件中，特别是放在当时的经济关系和政治制度、文化形态中来进行研究"①。任何一种道德现象都不是无根之水、无本之木，而是发生于历史进程中，在一定的社会物质条件下和文化氛围中，人的思想意识和精神状态的反映。所以，本节以时间为纵轴，以不同时期有代表性的思想家及经典文献为资源，梳理出"慎德"的历史演变轨迹以及在不同历史时期的特点。

（一）产生与奠基

慎最初是原始初民举行祭祀活动时的一种心理状态，"献祭的目的是为了取得神的欢心，从而使人们得到福佑；与此相反，对神的任何亵

---

① 罗国杰主编：《伦理学》，人民出版社1989年版，第16页。

渎犯罪，在他们看来，都会触怒神明而得到灾祸。这样就在他们的行为中规定了种种的禁忌”①。由于对神秘事物的无知，早期人类产生了一种敬畏的心理，此时的“谨慎”是对神秘力量的谄媚和取悦，目的是避免因触犯天神之意给自身带来灾祸而进行的禁忌行为，不具有通常意义上的道德意蕴。直至西周，周武王克殷，天命、神意发生了转移，“帝神”神秘性的绝对力量旁落，“周人的理解中，天、帝、祖先被赋予了具有伦理内涵的道德品格”②，神意是有理性的，具有赏善罚恶的功能，由此具有道德意义的“德”的观念产生。此时周人并不是不信奉天命、神意，而是“根据神意的指引，最大限度地完善并保持神灵赋予的道德品格”③，对神意的敬畏就是出于对天、帝、祖先道德理性认同而进行的道德自觉行为，此时的谨慎表现为对“德”的珍视和遵从，即“修德配命”“以德配天”。由此，具有理性觉醒和人文意识的“慎德”思想得以产生。

由以上慎德产生的过程得知，“慎德”从产生之初就打上了政治的烙印，“慎”在西周是作为一种政治道德而存在的，主要是为政者的为政之德，即君德与臣德。作为为政之德，“慎德”首先是“畏天敬德”的道德心理。周人普遍认为君权是由神授予的，君王代替天、神来管理万民，所以上天可以监督君王的为政活动，对其善政和恶政进行奖赏和惩罚，出于对天、神的恭敬畏惧，君王理政要“战战兢兢、如临深渊、如履薄冰”（《诗经·小雅》）。《尚书》中有言：“天作孽犹可违，自作孽，不可逭”（《尚书·太甲》），“惟上帝不常，作善降之百祥，作不善降之百殃”（《尚书·伊训》），要得到上天的眷顾、鬼神的福佑，避免灾祸殃及己身，君主为政要“恪谨天命”（《尚书·盘庚上》）。这种因畏天而慎政的思想虽然具有神秘色彩，但在中国传统的人治政治社会中，“畏天”不失为对为政者进行外在约束的一种手段。“皇天无亲、惟德是辅”（《尚书·周书·蔡仲之命》），上天对人的政治活动的影响与君主的德行密切相关，所以君主由畏惧天而演化成一种自身内在的道

① 秋浦：《鄂温克人的原始社会形态》，中华书局1962年版，第91页。

② 张锡勤、柴文华主编：《中国伦理道德变迁史稿》（上卷），人民出版社2008年版，第59页。

③ 同上。

德努力。[①]“思人慎德，德开，开乃无患”（《逸周书·程典》），周人在殷灭周兴的事实及历史教训中看到了“德”的作用，要求“王其疾敬德”（《尚书·周书·召诰》），“王敬作所，不可不敬德”（《尚书·周书·召诰》），“克慎明德”（《尚书·周书·文侯之命》），以“重德”“敬德”“慎德”为指导思想，严格谨慎地遵守为政以德的道德规范。

“慎”也是为政者对自我德行进行检省的方式。周人已经认识到是否有“德”是能否配享天命的根本原因，他们对“天”已经不是绝对性的服从，而是通过自身道德修养的努力改变天命，通过人事的作为来干涉神意。“弗慎厥德，虽悔可追?”（《夏书·五子之歌》）“慎厥身，修思永”（《虞书·皋陶谟》），谨慎成为君王约束、限制自我，时刻警惕安逸、享乐，进行道德修养的方式。君王要“克正修身”，“心存忧危”（《周书·君牙》），不好“逸豫”（《康诰》），“不遑暇食”（《无逸》），“不敢自暇自逸”，“罔敢湎于酒”（《酒诰》），时刻警醒、检省自身，勤于劳作，恭敬爱民，慎于政事。

“慎”还是为政者“治国保民”的行为规范。西周“慎”作为美德还表现在一系列的治国举措上，周代统治者从夏、殷商灭亡的事实中得出轻率、鲁莽、粗疏、骄狂是导致国家衰亡的重要原因，夏桀、商纣荒淫无度、暴虐无道、为政不慎，才导致夏商灭亡，统治者治理国家应该时怀恭敬畏惧之心，警惕忧患、小心翼翼，“终日乾乾”（《周易·上经·乾卦》），才能保证国祚永昌。所以在政治治理上“庶狱庶慎”（《尚书·周书·多方》），“慎乃出令，令出惟行，弗惟反”（《尚书·周书·周官》），“慎乃简僚，无以巧言令色”（《周书·冏命》）。在治理狱讼、发布命令、选任官员方面都应该小心谨慎。周代统治者主张治政谨慎还在于意识到了“民”的地位和作用。“天聪明，自我民聪明；天明畏，自我民明威。”（《虞书·皋陶谟》）“天视自我民视，天听自我民听。”（《周书·泰誓》）天意通过民意表现出来，殷商灭亡的根本原因就在于对“民”残暴，从而违背民意，悖逆天意，只有谨慎治民，“惠民”“爱民”“保民”，“不敢侮鳏寡”（《周书·康诰》），“勿庸杀

① 参见笔者拙文《“慎”：传统政治美德及其现代意义》，《社会科学战线》2010年第12期，第26页。

之”（《周书·酒诰》）、“合由以容”（《周书·梓材》），不滥用杀伐，采取宽大的治民政策，才能减少民怨，“享天之命”（《周书·多方》）。但刑与罚又必不可少，滥用刑罚、滥杀无辜，必然会激起民愤，所以“慎罚”也是谨慎治民的重要举措。“慎罚”就是“明于刑之中”（《周书·吕刑》），量刑、治罪应合理适当，谨慎小心，认真对待，而不能根据统治者主观意愿随意定罪和刑杀。由此得知，西周为政者主张慎德虽然不是单纯的个人修养问题，不具有普遍意义，而是为了通过民众的力量，稳握政权，永享天命，是政治的附属物。但是谨慎是对天命、民命忧惧、敬重的心理，是治国为政过程中收敛、认真的行为方式，兼具心灵美德和行为美德的双重内涵，为后期“慎德”思想的发展奠定了基本的论调。

需要指出的是，慎在西周还是“祖先崇拜”的情感和祭祖仪式中的谨慎行为。侯外庐先生认为：“‘德’在西周文献中指奴隶主贵族所特有的权利，以及由此而反映出的一种品性。它的内容可以概括为‘敬天’‘孝祖’和‘保民’三个方面。”① 殷人对祖先神的敬奉和祭祀是一种目的性的谄媚和戒惧，而西周时期，人们共同生活在由血缘关系结成的宗族之内，对祖宗的崇拜以及祭祀也都是源于与祖先之间的浓重的血缘亲情。所以周人“追孝”，由于对先祖美德的敬重和崇拜，所以谨慎修养自身，不辱没先祖遗志，弘扬先祖美德，并在祭祀先祖的过程中，恭敬严肃、言行谨慎。之所以强调谨慎是宗族内尊祖、敬祖的美德，就在于“中国伦理思想自其诞生之时开始，在对道德及其作用的认识上，首先突出的是宗法道德和‘君德’‘政德’”②。“慎德”不仅是政治美德，更是宗族道德，在中国古代社会家国同构的社会历史条件下，任何一种宗族内的美德都有可能推演为普遍性的人伦美德，所以，为春秋战国时期慎德由贵族美德、政治美德向大众美德转化埋下了伏笔。

（二）发展与争鸣

西周时期的慎德，伦理意蕴是比较淡薄的。直到春秋战国时期，经

---

① 侯外庐：《中国思想史纲》，上海世纪出版集团、上海书店出版社 2008 年版，第 25 页。

② 朱贻庭：《中国伦理思想史》，华东师范大学出版社 2003 年版，第 17 页。

过儒家的进一步阐说和诸子百家争鸣，慎德才得以发展，进而获得了比较丰富的内涵。

1. 发展于儒家

春秋战国时期，慎德思想的发展由儒家来完成。儒家的思想家虽然没有系统地论述过慎德问题，但儒家的代表人物孔子、孟子、荀子都意识到了慎德的积极作用，主张在个人修养、家庭关系处理、人与人交往以及君王治政等方面谨慎，并对其伦理内涵、道德根源、理智机制进行了多角度的分析。

在先秦儒家，孔子是第一位讨论慎德的思想家，但其慎德思想是与"仁"和"礼"结合在一起的。孔子明确提出"慎而无礼则葸"（《论语·泰伯》）。没有礼的约束和限制，慎会成为狂傲、放纵；达不到礼的标准，慎又会成为懦弱、畏惧。合礼，慎才能成为"德"，才能中庸合宜，以"礼"为"慎"的规范和标准，是儒家慎德思想的特点之一。孔子还认为"慎"是实现仁的方法。孔子对什么是"仁"，如何达"仁"没有确定一致的回答，但是从其对行仁之方的言语中得知，慎是行仁、得仁的方法之一。"仲弓问仁。子曰：'出门如见大宾，使民如承大祭。'"（《论语·颜渊》）与人相处、对待民众恭敬谨慎是仁；"刚、毅、木、讷近仁"（《论语·子路》）。具有刚强、果决、质朴、慎言四种品德的人才接近仁德；"樊迟问仁。子曰：'居处恭，执事敬，与人忠。'"（《论语·子路》）态度严肃端正、工作谨慎认真、对人诚意忠心才能做到仁。"仁"是孔子思想的核心概念，是最高的道德价值追求，而"慎德"则是成就仁德的内在要求。

在孔子的思想体系内，慎德的运用十分广泛。首先是存身于世、成事成人的方法。孔子时逢"礼崩乐坏""邪说暴行"盛行的春秋时代，生存于其中，孔子采取一种"乐观的紧张"[①]态度，得志、有利的环境中积极有为，实现自己的志向和理想，不得志、不利的环境中则权衡取

① 樊浩先生将"乐观的紧张"解释为当"主观世界与客观世界之间发生矛盾的时候，当命运处于某种不利地位或不利情势的时候"人的一种存身、安身的方法，就是"无论处于有利的地位，还是不利的地位，都坚持一种信念，叫'得志，泽加于民'，'不得志，修身见于世'，'穷则独善其身，达则兼济天下'"。参见樊浩《文化与安身立命》，福建教育出版社2009年版，第139页。

舍、小心谨慎、存身于世，不从于非道。孔子称赞其弟子南容："邦有道，不废；邦无道，免于刑戮。"（《论语·公冶长》）赞同蘧伯玉："邦有道则仕，邦无道则可卷而怀之。"（《论语·卫灵公》）主张："邦有道，危言危行；邦无道，危行言孙。"（《论语·宪问》）无论在什么情况下，孔子都主张修养自身、约束和限制自己，谨言慎行、"泰而不骄"（《子路》）、"富而无骄"（《学而》）、"仁而不佞"（《公冶长》），并且能够"执事敬"（《子路》）、"临时惧""好谋"（《述而》），恭敬、谨慎、认真地做事。在孔子处，"慎"也是与人相处的方式，识人应该谨慎，"听其言而观其行"（《公冶长》），不能凭借外表或说辞而轻下判断；对待他人也应该慎重，不因为自己的盲目、自私、冲动的行为给他人带来不便。选择朋友更应该谨慎，慎重选择对自己道德、学业有助益的人做朋友。"慎"还是家庭道德、政治道德的重要范畴。"三年无改于父道"（《学而》）、"无违"（《为政》），尽孝、侍奉父母应谨慎。"道千乘之国，敬事而信，节用而爱人，使民以时。"（《学而》）治理国家、百姓更应恭敬、谨慎、节制自身。西周时期，"慎德"仅适用于政治领域，孔子通过理想人格内涵的转化，使"慎德"不再是君主、贵族的专利，而成为民众修养、居处、执事、与人交往等方面普遍适用的美德，真正实现了慎由"贵族之德"向"民众之德"的转变。

孔子思想中，能够体现"慎德"内涵的是"畏""敬""戒"。孔子认为"君子有三畏"即"畏天命，畏大人，畏圣人之言"（《季氏》）。"慎"意味着有所"畏"，是对源自于人身之外的权威、力量或道德命令的恐惧和遵从。因"畏"而生"敬"，"敬"是"儒家对世界本质和人生意义的全部理解"[1]，孔子曰："事思敬"（《季氏》），"修己以敬"（《宪问》），敬是对世界崇敬庄严、一丝不苟的态度，也是对自身义务和使命的自觉意识。敬畏的心理和自觉意识灌注于人的修养实践就是"戒"，孔子有三戒，"少之时，血气未定，戒之在色；及其壮也，血气方刚，戒之在斗；及其老也，血气既衰，戒之在得"（《季氏》）。只有小心谨慎地裁制自己，戒除缺点和恶性，才能使自己符合天理秩

① 李宪堂：《先秦儒家的专制主义精神——对话新儒家》，中国人民大学出版社 2003 年版，第 153 页。

序，不触犯权威、招致灾祸，更使自己言行符合道德。孔子将慎德的内涵进一步确定、深化了“敬畏”“警戒”“节制”的心德、行德内涵，凸显了人在慎德修养中的自觉和主体性。可以说，后世儒者对慎德的各种阐发都是沿着这两条路径进行的。

孟子从其性善论观点出发，为“慎德”寻找到了价值根源，从根本上肯定了人可以具有慎德品质的可能性。孟子认为“恻隐”“羞恶”“辞让”“是非”（《孟子·公孙丑上》）四者是人心之四端，是人先天所具有的善性。在《孟子》中，与“辞让”在同一语境中使用的词语还有“恭敬”，“恭敬”生“慎”，“辞让”行“慎”。“敬”是慎的心理之源，“让”是“慎”的行为方式。孟子肯定人先天具有“辞让”“恭敬”之心，也就肯定了人可以为慎的可能性。孟子虽罕言慎，但不是不言慎，其“思以存养”“尊君敬长”“畏天保国”的思想也从不同的角度阐述了“慎德”的内涵。孟子认为人本性善，但也承认“耳目之官不思，而蔽于物，物交物则引之而已矣。心之官则思，思则得之，不思则不得也”（《孟子·告子上》）。“由于心溺于物，则意志即以形躯之欲为方向，遂不能如理，亦不能实现价值。”① 所以孟子主张通过“思”的修养工夫来祛除外物之弊，涵养善性。这种“思”的工夫就是通过反省、约束自身、克除欲望，谨慎外物对人性的干扰，存养善性，使其不流失。具有恭敬之义的谨慎思想还体现在人伦之道中，孟子之“敬”是处理君臣、长幼关系的道德准则即“敬长”“尊君”，因对“长者”“君王”的尊敬之情，所以以义辅君、“致敬尽礼”（《孟子·尽心上》）。谨慎思想还体现在孟子的治国主张上，“乐天者保天下，畏天者保其国”（《孟子·梁惠王下》）。“得道者多助，失道者寡助。”（《孟子·公孙丑下》）畏惧天命，依天道而行，才能保国。然而孟子更加注重民的力量，民心向背是决定政权是否稳定的关键因素，所以治民保国要战战兢兢，“所欲与之聚之，所恶勿施尔也”（《孟子·离娄上》）。克除王者一己私欲，“省刑罚，薄税敛”（《孟子·梁惠王上》），重民、爱民。与孔子的谨慎思想不同，孟子对于谨慎表现出更强烈的道义追求。孔子主张有道则仕，无道则隐；而孟子则认为可以为“义”

① 劳思光：《中国哲学史》第1卷，广西师范大学出版社2005年版，第124页。

触犯君王，不惜招致杀身刑戮之祸，舍生忘死。孟子的这一思想更加凸显了“慎”的道德意蕴，赋予“慎”以“义”的价值原则，为如何慎、何时慎、为何慎提供了有效的依据。

在《荀子》中“慎”字出现了45次，除7处是人名之义外，其余38处都是谨慎之义，可见荀子极其重视谨慎。荀子的谨慎思想与孔孟不同，强调“智”即理性能力在慎德实现过程中的作用，主要表现出“思虑”“循礼”“节欲”三方面特点。荀子从其性恶论观点出发，认为人性的内容虽然是“好利恶害”的，但人可以通过心的“思虑”作用“化性起伪”，即“情然而心为之择”（《荀子·正名》）。“思虑”就是心的作用，是人的理性能力，是对自身情欲的选择与控制，也是对外在事物和环境的理性辨识。从荀子关于“慎”的论述中，可以看出荀子之慎作为道德着重强调其道德智慧层面的内涵，是辨识真伪、区分善恶、考察情实、关注事态演变的理性认识能力。“公生明，偏生暗，端悫生通，诈伪生塞，诚信生神，夸诞生惑。此六生者，君子慎之”（《不苟》），事物的性质、情态随时可以向相反的方向转化，应该警惕、小心。“唱和有应，善恶相象，故君子慎其所去就也。”（《乐论》）世间善恶、是非、真假相似，如不谨慎很容易被其迷惑。荀子重礼，倡慎的目的是循礼，遵守“礼义”的规范和准则，以“礼义”来制约人先天的恶性。荀子的谨慎思想还表现为节欲，“欲虽不可去，求可节也”，“欲虽不可尽，可以近尽也”（《正名》）。荀子反对纵欲、纵情，主张节欲、寡欲，使自身思想和行为都合乎礼义法度。

总而言之，儒家慎德思想的发展在春秋战国时期得以完成，孔子发展了慎德作为“心德”和“行德”的道德内涵，并将其运用到个人修养、祭祀仪式、家庭人伦、政治活动等多个领域内，实现了慎德由西周时期的君主道德向民众道德的转换。孟子则从其人性论出发，解决了“慎德”的道德根源以及人人都可以具有慎德品质的可能性问题。荀子则更加强调慎德的智慧因素，丰富了谨慎作为美德的内涵。在整个中国传统伦理思想史中，孔孟荀的慎德思想确定了儒家慎德思想的理论框架，此后儒家思想家对慎德的讨论大都以此为理论前提和基础。

2. 争鸣于百家

先秦儒家思想是在百家争鸣的历史背景中形成的，其慎德思想虽然是中国传统慎德思想的主流，但先秦诸子的谨慎思想作为儒家慎德思想的对立或补充，与儒家发生争辩，并渗透于儒家思想当中，形成了中国早期慎德思想的全貌，对中国人几千年来的谨慎思想和行为产生了深远的影响。其中，最具代表性的是墨家、道家和法家。

春秋战国时期，墨子思想与儒家思想分庭抗礼，并称为“显学”。墨子的思想代表受奴隶主剥削，受诸侯、贵族倾轧的独立劳动者的利益，主要表现出不畏强暴、反对周礼、非儒非命的斗争性。但墨子思想也主张在积极争取改变自身社会地位的过程中运用理性的智慧——严肃、认真、重视、节制，进而提出了关于“所染”“修身”“择贤”“节用”的谨慎思想。墨子强调“慎所染”旨在说明国君治理国家和个人自我修养都应该重视外界对自身的影响。“染于苍则苍，染于黄则黄……故染不可不慎也!”（《所染》）墨子认为外界环境对于人如染料对于丝一样具有影响作用，所以人必须重视、谨慎对待。人心有“喜”“怒”“哀”“乐”“爱”“恶”六种邪僻不利于修身，于是提出“必去喜，去怒，去乐，去悲，去爱，而用仁义”（《贵义》）。用“义”去约制人的内心，祛除“心志之辟”。墨子将“尚贤事能”作为政治的根本，并要求君主谨慎选择人才。“逼臣伤君，谄下伤上……近臣则暗，远臣则吟，怨结于民心。谄谀在侧，善议障塞，则国危矣。”（《亲士》）臣下贤与不贤是国家安危的关键所在，所以每一位君主欲国家得治，必慎择贤臣。慎节用也是墨子思想的重要组成部分：对于衣服，墨子以冬天能增加温暖，夏天能更凉爽为原则；对于房屋，旁御风寒，上御雨雪，中别男女即可；对于武器装备，以轻便锋利、坚不可摧为首要选择；对于舟车，“全固轻利”即可；对于饮食只要求强壮身体，聪明耳目；对于节葬，衣三领，椁三寸即可；更要节制淫逸，不害己德。墨子的谨慎思想不同于先秦其他思想家的特点在于其以“顺天明鬼”为形上根源，以“贵义尚利”为价值标准和根本目的。墨子认为“天志”是天下事所必须遵循的法则，“今人皆处天下而事天，得罪于天，将无所以避逃之者矣”（《天志下》）。所以欲成天下之事，就应该顺从天意，以天意来衡量人的行为。鬼神惩戒辅助天志，具有赏善罚暴的职能，监督人的一言一行，所以要“戒之，慎之”（《天志下》）。在墨子处，“义”是天下公义，是否兴普天下公义是墨子谨慎行为的标准和原则。

“利”则为公利、“天下之利”，“公义”也就是“公利”，是谨慎的根本目的。其主张“利之中取大，害之中取小”（《大取》），就是以“公义”为原则权衡利害、轻重、大小的求“公利”方法。[①] 墨家的谨慎思想主张警惕外在环境、注重自身修养，强调以“公义”为原则、以“公利”为目的，更加明确了谨慎的内在要求和价值所在，对于限制贵族穷奢极欲的放纵生活具有进步意义。然而他将“天志”与“鬼神”作为谨慎的价值根源，否定了谨慎作为美德的主体自觉，增强了谨慎的被动性，则是消极的。

老子和庄子是先秦道家的代表人物，他们虽很少直言慎，但谨慎贯彻其思想的始终。老子主张“守柔处下”“致虚守静”“知足不辱”；庄子主张“慎守其真”“安时处顺”“不谴是非”无不以谨慎作指导，体现了道家关于谨慎思想的诠释和解读。道家的谨慎与儒家的慎德存在着根本的不同，儒家谨慎旨在实现在人伦社会中安身立命，目的是完善道德修养，以达到内圣而外王的用世、治世目的。而老庄的谨慎思想，目的是“明哲保身”“缘督保身”，通过不与人争、委曲求全，达到“保身”“全生”的目的。道家认为任何事物都有其对立面，达到一定程度就会向相反的方向发展，只有“若缺”“若屈”“若拙”“若讷”（《老子·四十一章》）才是大智慧，所以老子主张对“盈”“满”谨慎、警惕，“抱残守缺”“贵柔处下”。“无为”才能“无不为”，“后其身而身先，外其身而身存”（《老子·七章》），所以与人相处时，“不与人争”“不敢为天下先”，“谦虚善下”才能存身避祸。道家不争、谦退的谨慎之道是通过控制、约束自己，避免与他人产生纷争，以保存自我，是对人世矛盾的逃避和退让，体现了其消极的人生态度。对自身而言则是“致虚守静”，老庄都极其重视“静”，认为“静”是保持“真我”的修养方法。所谓“静”在道家就是“闭目塞听”“无知无欲”，消除外在事物的纷扰，保持内心的最大空虚。蔡仁厚先生认为道家的“守静”工夫是“静敛的主体自由，以消解人为造作而归于清静无为的

① 关于墨子谨慎思想的论述参见笔者拙文《墨子的谨慎思想及其当代意义》，《船山学刊》2011 年第 1 期，第 101—104 页。

‘让开、不着、自适、自在’之境界”[①]。在道家，“守静”是达至“无为”“不争”、谨慎处人、存身于世的方法论要求。然而，道家主张“去智”，其“守静”不是平静镇定、积极谋划、人为努力的理智智慧，而是避免外部纷扰、保持人之本心的无为之举。在价值观的认识上，庄子则“齐是非”“齐善恶”，泯灭是非、善恶的不同及其评判标准，不计成败，不辨荣辱，无善恶、是非观念，随任世俗、混世扬波。道家的谨慎思想对于中国传统慎德思想的发展有积极意义，其所主张的“不矜不骄”“为而不恃”“功成不处”“谦虚退让”丰富了谨慎思想的内容，其“守静”的方法论内涵，也为宋明理学家所继承，成为实现道德修养的重要方法。但其谨慎思想摒除“智”的因素，无视仁义道德，消解人为的积极努力，无视价值原则，而成为逃避责任、丧失原则、安于现状、但求自保的消极避祸保身之道，对后世正确理解谨慎产生了极为消极的影响。

法家代表人物韩非子的谨慎思想则完全是功利性的，他认为好利恶害、好安恶乱、好名恶辱是人的本性，君王谨慎目的是维护其统治，大臣谨慎在于获赏避罚，民众谨慎在于畏法惧刑。所以在韩非子看来，人谨慎完全是因为功利性的目的，只有通过严刑峻法才能使人遵守规矩，稳定社会秩序，从根本上排除道德的作用。其谨慎思想的非道德主义特点，是与儒家谨慎思想的根本区别所在。概而言之，其谨慎思想主要表现在“严法度、畏刑罚”“审公私、明利害”“权轻重、知得失”三个方面。韩非子极其重视“法”，主张通过严刑峻法来实现统治，但他也不主张用法无度，施法应该谨慎。“同合刑名，审验法式”（《韩非子·王道》），“审合刑名”（《二柄》），“审名以定位，明分以辩类”（《孤愤》）。“名实而定是非，因参验而审言辞。”（《奸劫弑臣》）依法断案，应该有根有据，核实案情，谨慎定刑。法对于“臣”与“民”是残酷而威严的，“严刑者，民之所畏也；重罚者，民之所恶也”（《奸劫弑臣》）。“为人臣者畏诛罚而利庆赏”（《二柄》），臣、民畏惧严刑重罚，不敢以身试法，为了避免杀身之祸，谨慎自身言行，严格遵守法度。韩非子主张谨慎还表现为对利害、公私的明辨和取舍，其所谓“公”就

① 蔡仁厚：《中国哲学史大纲》，吉林出版集团有限责任公司2009年版，第34页。

是君主的利益，“私”就是除君利之外的个人利益。符合君主利益的行为是有利的，为获取个人私利的行为是有害的。谨慎就是明公私、利害之分，在君利和己利之间慎重取舍，小心谨慎，去私利、除私心，保障君利，维护君王的统治。谨慎还需权衡轻重，知道得失。为君、为臣，都应该谨慎眼前的、一时一刻的利害得失，以实现“富国”“强兵”、成就“霸业”为重。他认为人的谨慎行为源于对法度、刑罚的畏惧，在主体之外为人立法，强制人必须遵守法度、克制自我、谨慎小心。韩非子的谨慎思想在人去恶向善的道德自觉迷失、道德理性无法发挥自我控制作用时，的确对人具有强有力的约束作用。但他以功利的视角来衡量一切，否定道德良知和道德价值的存在，不相信道德作用，从根本上否定谨慎的道德性的非道德主义观点却是不足取的。

（三）神化与整合

随着封建国家大一统的建立，儒家思想被汉朝统治者定于一尊。先秦儒家的慎德思想作为儒家思想的一部分也极受重视。由于封建礼教的确立，“慎”作为对“礼制”的谨守和对等级义务的遵从而被神圣化和绝对化，在很大程度上脱离了先秦儒家慎德思想的本义和轨迹。西汉儒者董仲舒以“天”为最高神，为人的谨慎行为确立了最高的形上根源，“天”有安排自然规律和人事的意志和权威，掌握着人的吉凶祸福，顺从天意，才能得“天”福佑，违背天意，就会遭受“天殃”。“亦欲其省天谴，而畏天威，内动于心志，外见于事情，修身审己，明善心以反道者也，岂非贵微重始、慎终推效者哉。”（《春秋繁露·二端》）为了避免天的惩罚，就要敬天、畏天，谨慎小心。人类社会中的“君臣、父子、夫妇之义，皆取阴阳之道……王道之三纲可求于天”（《春秋繁露·基义》）。谨守君臣、父子、夫妻“阳尊阴卑”的三纲之道就是“顺天道”。“顺天意”“从人伦”，就应该“正法度”“制上下秩”以“防欲”（《举贤良对策》），控制人的贪念和欲望，使人不敢穷奢极欲、恣意妄为。总之，“顺天意”“畏天殃”，“法天道”“遵三纲”，“守法度”“去贪欲”是董仲舒谨慎思想的主要内容，为“谨慎”设置了绝不可以违犯的“天意”命令和人世间必须遵守的人伦规范。至此，“慎德”为统治者宣扬，成为维护统治、教化民众的重要措施。

魏晋时期，杀夺无常、动荡不安，面对着激烈的农民战争和统治阶级内部的争夺，魏晋名士内心中充满了忧患和恐惧，有感于得失急骤、生死无常，以及对时局和政治的无能为力，他们急迫寻找到一种能够顺时应变、存生于世的方法。王弼“慎终除微，慎微除乱”（《老子注·第四十六章》），以求“处于无死之地”（《老子注·第五十章》）；嵇康“旷然无忧患，寂然无思虑”（《嵇康集·养生论》），不追求政治名禄，不为外物所累；向秀、郭象主张“自安其业”“各有本分”：都是在残酷的政治斗争中的谨慎生存之道。魏晋名士援道入儒，以道家的自然无为作为社会伦理生活的指引，既追求旷达无为的超然境界，又力求在朝不虑夕的动荡生活中保存自我，兼具儒道两家思想特点，是先秦儒家慎德思想在魏晋时期特殊的历史环境下的变体。

隋唐时期，儒、释、道三教并立于中华大地，三教思想的对立、争论和融合形成了汉唐时期慎德思想的新特点。在佛道思想中，谨慎的根源来自“善恶报应说”；道家认为天地间有神明，时刻关注着人的行为，赏善罚恶。而佛家的善恶报应则是“因果报应”，即“所有东西都由因果法则支配，善因必有善果，恶因必招恶果”[①]。两种“善恶报应”观虽有不同，但都是对为恶必得恶报的论证，由于对恶果的畏惧，所以现世中人必须谨慎修持。谨慎的具体内容表现在道教和佛教的戒律修持当中。道教有勿好淫、勿阴贼凶杀、勿醉酒、勿秽慢不净、勿食一切之肉（《云笈七答》卷三十三）等入道戒律，也有“戒勿学邪文”“戒勿求名誉，戒常当处谦下”“戒勿轻躁”（《太上老君经律》）等积善立德戒律。佛教亦有不杀生、不偷盗、不邪淫、不妄语、不饮酒等基本的修道“五戒”。戒律就是对修道者的最基本的道德要求，其内容多是要求修道者进行自我道德约束，戒除恶性、恶习。在自身修养方面，道教从长生不死的宗旨出发，反对任情肆欲、狂躁妄动，主张生活有节、修身养性。佛教主张“五蕴皆空”，“无贪”“无嗔”“无痴”“轻安”“不放逸”。通过“戒”，戒除思想、语言、行为等方面的过失；通过“定”，实现专心致志、摒除杂念、内心沉静、观悟四谛；进而达到了悟真谛，顿悟解脱的“大智慧”。在佛道思想中谨慎表现为对善恶报应

---

① 吴汝钧编著：《佛教大辞典》，商务印书馆1992年版，第233页。

的恐惧，对自身情欲的警戒修持，身心修养上的凝神静气、镇静专注等方面。表面看来，佛道的谨慎思想与儒家的谨慎思想在形成根源和实现方式上并无明显的不同，但佛道倡慎的根本目的是实现终极信仰，寻找超世的意义；而儒家倡慎则是为了实现人伦社会的价值。在汉唐文化融合的进程中，儒、道、佛三家论慎，使慎的观念和思想不仅具有现世存在的依据，而且也从超越界寻求到了缘由；不仅具有警戒、畏惧的强制性心理，也含有主体自觉自为的理性修持。

（四）异化与反思

宋元明清时期，中国文化进入了一个新的发展阶段。这个时期，因循与反思、守旧与革新并存。“慎德”思想在宋明理学家的推动下“登峰造极”，异化为对封建礼教的绝对服从、对自身情欲的绝对禁绝。又经过明清思想家的反思和重新阐释，泛出人性的光辉，思想内涵更加具有科学性、合理性，具备了由封建社会道德向现代社会美德转变的可能性。宋明理学家认为天理是宇宙的本体，而封建社会的伦理纲常、等级秩序就是符合天理的人间法则。所以人应该服从天理，灭除人欲，严格遵守仁、义、礼、智、信的道德规范，服从封建的等级制度和伦理秩序。其所倡导的“存天理、灭人欲”要求人们消除个体欲求，服从礼制秩序，从人之内心牢固地束缚人的思想。久而久之，这种思想内化于人心，人们便认为“君叫臣死，臣不敢不死”“父叫子亡，子不得不亡”“夫虽不义，妻不可以不顺”是应当、顺理的。先秦儒家思想所倡导的智慧之慎、符合道义之慎、蕴含勇的意志力量之慎已丧失殆尽，而异化为在等级森严的礼制制度下，懦弱保守、丧失尊严、愚昧无知和小心顺从。宋明时期谨慎思想的异化，造成了后世中国人对谨慎的错误理解，认为谨慎就是忍耐、顺从，不表达自己意见、不展现自己个性、不触犯权威、不要有所作为、不敢面对困难和挑战，与世俗同流、安于现状、不求创新、无原则、无主见、无勇气。时至今日，还影响着中国人的思想和行为方式。

明清之际，中国封建社会进入晚期。“中国伦理思想演进到了自我批判阶段。”[①] 一批进步的思想家，如李贽、刘宗周、黄宗羲、顾炎武、

① 朱贻庭：《中国伦理思想史》，华东师范大学出版社 2003 年版，第 438 页。

颜元、戴震等重新反思人性，肯定人欲的合理性，将矛头指向森严的等级秩序，倡导个性、自由、尊严、平等，转换了礼教制度下谨慎的内涵，给予谨慎以新的诠释。然而，三纲五常的礼教思想虽然因为人主体意识的觉醒而有所松动，但封建旧势力的统治依然很强大，统治者为了巩固统治奉行高压政策，人们依然不敢为争取个性解放与封建统治拼争，所以表面服从、顺从，而实际却追名、逐利、纵欲、拜金。此时，谨慎成为中国人双重人格的表现，表面上和颜悦色、和平共处，可内心中却各存己见、各怀己利，甚至成为人际争斗、互相陷害的诈谋和诡计。明清时期不但没有完成慎德思想内涵的时代转化，反而使其成为人性的一种流弊，从而使“慎”的道德意蕴弱化。谨慎能不能称得上是美德至今还是争论不休的问题，但我们不能就此否定先秦儒家将“慎”视作美德的初衷。重新回归传统，寻找慎之为德的合理依据，分析慎德的伦理意蕴，赋予谨慎以时代的道德内涵则是留给现代学者的任务和使命。

第二章　慎德的内在结构

为了更深刻地解读中国传统慎德，下面将对慎德的内在结构进行分析。任何一种品德从心理结构的角度都可分为知、情、意三个方面。慎德也不例外，我们将首先从上述三个方面分析慎德的知、情、意内涵。另外，分别从慎德横向结构即处己、处人、处事诸方面与纵向结构即慎之为德的道德纵向层次角度进一步分析慎德的内在结构。为了更好地把握慎德的内在结构，我们还将慎与中国传统伦理规范体系中其他重要德目进行比较，并进一步凸显慎德特质。

一　慎德之心理结构

“一切心理活动都是由‘知（认识）’‘情（情感）’‘意（意志）’三种成分构成。品德是一种心理活动，因而也不能不由知、情、意三者构成：品德的‘知’即其道德认识；品德的‘情’即其道德情感；品德的‘意’即其道德意志。”[①] 慎德作为一种品德，也由道德认识、道德情感、道德意志三种基本要素构成。那么，三者在慎德的品德结构中的具体内容是什么？各自作用是什么？相互关系又是怎样的？如何构成慎德德性的整体？本节将对此详尽论述。

（一）慎之知

“道德认知是对道德规范以及社会伦理秩序的观察与理解，并通过自身道德思考、道德选择与判断，把握和揭示规范的内在本质，更好地

---

① 王海明：《伦理学原理》，北京大学出版社 2001 年版，第 364 页。

使规范被自身所接受。道德认知不仅包含着对规范在义理上的理解，还包含着在道德实践中对具体情形的判断、分析。"[①] 道德认识是人对道德规范的认识和理解，对道德价值的判断和选择，通过理性思维而形成道德观念的过程。[②] 人之所以谨慎，就是建立在人所获得的认识基础之上，慎德亦在道德认识基础上形成。

1. 慎德是"德性之知"的认识过程

宋明理学家将认识分为"见闻之知"和"德性之知"。所谓"见闻之知"就是事实性、经验性的认识；而"德性之知"则是具有判断性的价值认识。从历史生成的角度而言，慎产生于人类对外在世界的事实性认识。"人类进入文明时代之前，在原始人类看来，外在于人的一切都是未知的、充满神奇的力量的存在，它们仿佛随时随地都可能给人带来难以招架的厄运。出于对这种神秘存在的无知，泛神论的思想充斥着人们的头脑，一种对于外部世界的恐惧情绪弥漫在人们的心灵深处，这种恐惧的心理在人们的日常生活中即体现为原始禁忌对人类行为的自我规范。"[③] 出于恐惧心理而进行的自我约束便是最初的谨慎，这种谨慎建立在对外在世界的感性认识的基础之上。西周时期，人们开始有了"善恶"的价值判断，虽然"善恶"价值以神秘性的神意为准，但人们对价值的追求更加自主、自觉，而所谓"德"就是将"善恶"价值内化，谨慎由此而成为对"善"的持守，从事实性认识到价值性认识的转变使谨慎作为单纯的心理活动而具有了德性内容。从慎德的生成心理的角度而言，一种谨慎产生于一种不确定的认识，由于人对获得的认识无法把握，所以不敢贸然行事；这时谨慎是由于感性认识不足而引起的本能反应，不具有稳定性和任何价值依据，所以不能称之为慎德。而另一种谨慎产生于确定而成熟的认识，由于人可以依据善恶价值对获得的

---

① 俞世伟、白燕：《规范·德性·德行——动态伦理道德体系的实践性研究》，商务印书馆 2009 年版，第 108 页。

② 有学者认为道德认识是观念性地把握世界的过程。参见姚新中《道德活动论》，中国人民大学出版社 1990 年版，第 140 页。"道德认知实质上是个体基于自身心理结构，建构起的自我内在道德观念的过程。"参见俞世伟、白燕《规范·德性·德行——动态伦理道德体系的实践性研究》，商务印书馆 2009 年版，第 111 页。

③ 张锡勤、柴文华主编：《中国伦理道德变迁史稿》（上卷），人民出版社 2008 年版，第 15 页。

认识进行分析和评判，可以解其真义，洞其实质，所以更能使自己不盲动，认真对待，此时的谨慎才是具有稳定性的、明确的善恶价值取向的德性品质。所以谨慎作为德性不同于一般的谨慎心理就在于其建立在“德性之知”即价值认识的基础之上。对所获得的认识“要做的不是进行分析、综合、归纳、整理，而是将对象与自己的价值标准进行比较，以好、坏、善、恶等范畴作为认知手段把对象作以分类”①。即以善、恶等价值范畴为准则而进行的道德认识、道德评价和道德取舍过程。

2. 慎之知是慎德实现的理性基础

“康德将‘认知能力’作为‘内心的全部能力’的最基础能力，把‘知性’作为‘诸认识能力’的最基础的要素。”② 道德认识是品德形成的基础；获取外在信息，并对其进行认识、判断、选择、取舍的认知过程则是慎德形成的前提和基础。道德认识在慎德的品德结构中具有基础性的地位。

第一，慎之知形成了慎德的观念世界。“所谓道德认识就是对一定的道德现象和道德关系以及对反映道德现象的道德知识和调节道德关系的道德规范的观念性的理解和掌握的过程。”③ 道德认识的结果就是使道德主体形成一些观念性的概念，由这些概念组成了道德主体对外在事物的具体认识，而这些认识就是道德主体进行道德判断、道德推理的前提和基础。谨慎因认识而生，是人在与外在环境接触之后，由观念世界的指引而产生的本能性的反应。实现慎德同样建基于一定的观念世界，这种观念的形成不同于一般的认识，而是道德主体通过对外在的道德规范和伦理秩序进行理性的思考和判断，形成的具有稳定价值取向的观念。由此慎德不同于一般的具有偶然性的谨慎心理，而成为在道德认知、道德情感、道德意志等方面都具有稳定性的道德品质。

第二，慎之知为慎德提供了善恶评价的标准。在认知的过程中人们获得了善与恶、是与非、正当与不正当、应该与不应该等价值观念，这

① 姚新中：《道德活动论》，中国人民大学出版社 1990 年版，第 149 页。

② ［德］康德：《判断力批判》，邓晓芒译，人民出版社 2002 年版，第 33 页。转引自蔡志良、蔡应妹《道德能力论》，中国社会科学出版社 2008 年版，第 116 页。

③ 参见蔡志良、蔡应妹《道德能力论》，中国社会科学出版社 2008 年版，第 114 页。

些价值是人们谨慎评判和取舍的标准。有了“对善的体悟和思维”[①] 的谨慎就减少了更多的盲目性，具备了正确的方向和动力。可以说具有了“持善”“守善”的价值要求是慎成为美德的关键所在。知善知恶的人无所顾忌、为非作歹的可能性就会降低；具有“向善”动力的人就不会一味地畏首畏尾、懦弱保守；坚持“守善”的人更不会轻率鲁莽、盲目冲动。所以没有“善”的认识的谨慎是随意、无根据、无方向的，是不具有慎德的德性品质的。

第三，慎之知是否完善直接决定了慎德的实现程度。如前文所述，无论人们对获得的认识是不确定的还是确定无疑的，都会产生谨慎的心理和行为。前者是盲动的、不知所措的心理状态；后者则是对事态发展的可能性产生规律性的认识，再对自身行为进行约束和限制，是一种成熟认识之后而形成的稳定的德性品质。“道德约束不在于惩罚，而在于避免恶行，只有在对人们的行为可能性的规律有了一定的认识后，才能推断出在今后相似情境下所可能出现的行为，才能将准则、规范、舆论等加之于他们之上，从而防患于未然。”[②] 认识不仅仅是对事实的客观反映，也具有预见、推断、决策的能力，在这种认识指导下的谨慎才更具有理性和智慧，慎德才可以更加完善。

3. 慎之知是警惕、认真、周密的理智智慧

古语“知”“智”多相通，“慎之知”即“慎之智”，慎在道德认知方面的能力即慎的智慧表现。慎之所以为慎，首先在于其是明晰善恶、是非、利害，并进行理智思考、认真选择、明智决断的智慧思考过程。可以说，如果去除慎的智慧内涵，也就无所谓谨慎可言。

“慎”之所以被称为“慎”，首先是因为“警惕”，“警惕”是“慎德”得以全面实现的起始和保障。“‘君子终日乾乾，夕惕若厉，无咎’敬慎之谓也。”（《旧唐书·卷九十二·列传第三十八》）所谓“警惕”，即“战战兢兢，如临深渊，如履薄冰”（《诗经·小雅·节南山之什》）。就是对外在事物的发展和自身的情况保持清醒的认识，多方面

① 有学者认为道德认知就是道德主体对善的体悟与思维。参见俞世伟、白燕《规范·德性·德行——动态伦理道德体系的实践性研究》，商务印书馆 2009 年版，第 106 页。

② 姚新中：《道德活动论》，中国人民大学出版社 1990 年版，第 144 页。

地考虑事情发生和发展的趋势。对已发生的事情吸取经验，戒除骄逸；对可能发生的危险保持警觉和忧惧。但慎者的“警惕”不是盲目的、毫无根据的“杞人忧天”和“胆小怯懦”，孔子曰：“必也临事而惧，好谋而成者也。”（《论语·述而》）真正的警惕是经过深思熟虑所做出的可能性推断和对可能性危险所做出的防范。“警惕”使道德主体时刻保持清醒的头脑，理智地认识外在事物，是“慎之智”的首要之义。

“认真”是严肃对待、一丝不苟的理智态度。韩非子曰：“真者，慎之固也。”（《韩非子·卷六·解老第二十》）外在世界的现象是纷繁杂乱的，只有依靠认真的理智智慧才可以厘清头绪，获得翔实准确的感性信息和深刻的理性认识，认真是谨慎的最重要的智慧内涵。认真与草率不同，是将注意力都投入其中，尽可能地多思考、多权衡，而不是草率决定、敷衍了事。既不对所获认识相信无疑，也不对其毫无把握；既不主观臆断，也不固执守成，而是立足现实，认真不苟，获得客观有效的认知和评价。然而认真不是“较真”，较真是指讲求死理，追究细枝末节，不知变通。认真的人懂得通权达变，行为过程中懂得抓问题的主要方面，对应该认真的事认真，对不应该认真的事则不较真。朱熹曰：“若敬以直内，义以方外便是谨守。”（《朱子语类·卷第六十九》）古人对认真的要求也不是死板地去遵守礼仪制度，而是坚持以道义为原则。

“周密”是细微的、严密的思维方式。明朝方孝孺说：“寻丈之缪，实始毫厘；君子畜德，无忽细微。”（《方孝孺·杂铭·尺度》）事物的发展和演变不是静止的、孤立的，而是与周遭事物具有普遍联系，并不断发展变化的。所以只有周全、细密，不忽视微小，才能获得全面的认识，进行严密的计划部署，减少因粗略、疏忽而造成的过失。所以谨慎就在于“周密”，不是抓大放小，只注重显著的部分而忽略微小的方面，也不是抓住小处不放，不知轻重缓急、因小失大；而是在谋划大局的过程中，做到“明察秋毫”（《吕氏春秋·知化》），正确认识小与微在谋划全局中的作用和影响，有权衡、有取舍，细致周到，严密而无过失。

（二）慎之情

道德认识是慎德实现的理性智慧，它去除了谨慎心理的盲目性，使谨慎具有了成为稳定的慎德品质的可能性。然而仅有认识而没有情感的体验，认识只会永远独立于个体之外。有了情感，人们才有自觉认识、推理、判断的意愿，并将获得的认识应用于具体的行为实践中。所以慎之情在慎德的品德结构中，推动着慎之知转化为慎之行，成为慎德形成的情感动力。

1. 慎之情是道德情感

慎德的情感之所以不同于一般谨慎心理的情感，就在于它摆脱了随意性，具有稳定的价值取向；不是单个人的心理反应，而是人所感通的伦理性情感；更不是盲目的，是在理性指导之下的情感。

第一，慎之情是对道德价值的情感体验。在中国思想中“情”是一个内涵相当广泛的范畴，“有性情义，有情实义，有情态义，有情感义”①。作为人之情的“情”有“情绪”和“情感”两种。前者是对于刺激的本能性反应，后者则是“认识与情绪甚至还有意志综合作用的结果”②。情绪和情感虽然都是人情体验，但情感相对于情绪则具有更为深沉的内容，具有更加稳定的特点和强烈的价值意向。慎德之所以成为一种稳定的道德品性就在于其具有对价值追求的稳定情感，这种情感便是价值情感或道德情感。它并不是对外在或内在刺激的本能的暂时性反映，而是来源于对价值的情感体验而产生的持久动力。

第二，慎之情是伦理性的情感。慎德的情感是伦理性的情感，是谨慎作为德性品质在中国文化境遇中的特有内涵。如梁漱溟先生所说：中国以“伦理组织社会”③ 在伦理社会中人们“相与之情厚”④，由家庭的兄弟、父子之情推至社会人人之情，即“社会关系建筑在情谊之上”⑤。所以相对于西方人眼中的作为“对我们自己有用的品质”⑥ 而言，中国人的谨慎之德则是有利于增进伦理关系、和谐社会秩序的道德品质。其所蕴含的道德情感，也是从血缘亲情出发，以加深、敦笃人伦

---

① 丁四新：《郭店楚墓竹简思想研究》，东方出版社 2000 年版，第 281 页。

② 姚新中：《道德活动论》，中国人民大学出版社 1990 年版，第 170 页。

③ 梁漱溟：《中国文化要义》，上海世纪出版集团、上海人民出版社 2003 年版，第 133 页。

④ 同上书，第 155 页。

⑤ 同上书，第 137 页。

⑥ ［英］休谟：《道德原则研究》，曹晓平译，商务印书馆 2001 年版，第 84 页。

情感为目的，是“天地人之间人与人血亲相连的血脉亲情、恻隐之情、温然仁民爱物”[①] 的伦理之情。

第三，慎之情是理性指导下的情感。慎德的情感之所以不是盲目的、冲动的，就在于其具有理性的因素，是建立在理性的道德认识基础上而产生的情感。一般的谨慎、恐惧的情绪是随意而发的，其间没有经过任何的理性思维过程，更无法对其进行善与恶的价值评判，自然也就不能产生好恶的道德情感。而慎德情感的发生则是经过人的理性思维对价值、规范进行认知、评价、选择，并同自身的感受和体验相结合而形成的稳定的情感。慎德的情感也具有一种强大的理性控制力，将情感中的非理性因素控制在合理的限度内，既不使情感失去激情和动力，也不使非理性情感泛滥。

2. 慎之情是好善恶恶的价值认同感、真诚无欺的内心真实感、忧患敬畏的主体责任感

如前所述，慎德的情感是道德情感，是对道德价值所产生的情感。人所努力追求的首要价值就是“善”的价值，人之慎可以成为慎德就在于其在对善恶具有理性认识的基础上，在“好善恶恶”的道德情感的推动下而做出的去恶扬善的道德努力。如孔子所言：“见善如不及，见不善如探汤。”（《论语·季氏》）《礼记·中庸》中评价颜回：“得一善，则拳拳服膺弗失之矣。”荀子说：“好善，修然必以自存之；见不善，愀然必以自省也。”（《荀子·修身》）人欲从善而不为恶先要对善、恶有价值认同，但仅有认同还不足以使去恶扬善成为主动。只有在人发自内心地对“善”的向往和追求的情感推动下，人们才能有意识地去对外在现象和人自身进行是否符合“善”的判断，在行为中亲善远恶、修善去恶。所以慎德的情感首先是“好善恶恶”的价值情感，这种情感赋予了谨慎道德努力的方向，避免了谨慎成为知善而不为善的智巧行为。“慎德”所具有的情感也是真诚无欺的真实感，即对价值的真情实感。“诚者，真实无妄之谓。”（《四书章句集注·中庸章句》）《礼记·中庸》说：“诚之者，择善而固执者也”，“能守善，斯可谓诚”（《河南程氏粹言·卷一》），诚就是对“善”的真心、真情、真感受。《尔雅》

---

① 周与沉：《身体：思想与修行》，中国社会科学出版社 2005 年版，第 180 页。

以诚释慎，慎，从心从真。慎就是真心之诚。唯有用真心，才能存谨慎，即唯有真心之诚才能成就谨慎之德。慎之真心之情是不欺己，不违背内心良知；更不欺人，对待他人真挚诚恳，表里如一。如无内心之真诚感，谨慎就会成为虚伪、造作和狡黠、欺诈，所以真诚无欺的内心真实感是慎德的实质情感内容。无论是“好善恶恶”的价值认同感，还是“真诚无欺”的内心真实感，都必然源于道德主体的自觉意识，落实为“忧患敬畏”的主体责任感。[①] 谨慎最初是一种情绪表现，即受到外在刺激时而产生的本能的畏惧心理，不具有人的理性认识和主观意识活动的能力。后忧患意识产生，即“当事者对吉凶成败的深思熟虑而来的远见；在这种远见中，主要发现了吉凶成败与当事者行为的密切关系，以及当事者在行为上所应负的责任”[②]。由此，人的自我主体性得以突显，开始思考自身行为所产生的后果。人们通过反思、自省、谨慎、认真，不断地调适自我与外在环境的关系，引导自身的行为趋利避害。从忧患至敬重，由畏惧至谨慎，人的主动、自觉的责任意识得以产生，具有要求自身思想和行为符合道德价值的强烈愿望，并且对产生不善、不利后果的行为负责任。慎德就是对自身的反省，是以高度的责任意识去限制人的感官欲望的过程。如果没有这种对责任的忧患敬畏的道德情感，人就会表现出任意随便、无所顾忌，所以“敬畏谨慎”也是实现慎德所必需的道德情感。

3. 慎之情是慎德实现的情感动力

任何品德都是由道德认知、道德情感、道德意志三种成分构成，但是在中国儒家思想的话语语境中，“情感”却具有极其重要的地位和作用，对此学者们多有论述。蒙培元说：“情感是全部儒学理论的基本构成部分，甚至是儒学理论的出发点。”[③] 李泽厚也认为儒家学说是以情

---

① 此观点受益于徐复观《中国人性论史》一书，该书中讨论了“敬”的产生，敬产生于忧患意识，而忧患意识又是因为对事物产生责任感的表现，人在忧患的过程中产生了自觉，从外在客观力量的制约转而对自身行为做出谨慎的努力，这便是“敬”。参见徐复观《中国人性论史》，华东师范大学出版社 2005 年版，第 14—15 页。

② 徐复观：《中国人性论史》，华东师范大学出版社 2005 年版，第 14 页。

③ 蒙培元：《情感与理性》，中国人民大学出版社 2009 年版，自序第 1 页。

感为本位的，[1] 黄意明提出："先秦儒学具有重情的气质。"[2] 儒家重视情感的传统，使任何一个德目在中国儒家文化的视域中，都不可能超脱情感的作用而绝对地提升智、意的地位。我们虽然不能说慎德是以情感为本体的，但是情感强化认识、激发意志，在慎德的品德结构中的地位和作用是不容忽视的，只有充分认识到情感对于慎德实现的作用，才能真正地领会儒家所倡导的慎德的真义。慎德的情感来自于理性的认识，同时又对理性认识具有推动作用。慎德的"好善恶恶"的道德情感，促使人们坚持不懈地进行理性的认识，看透善恶的现象和本质，获得关于"善"价值的真知。"真诚无欺"的慎德情感，使人从内心中生发出对好善恶恶的情感力量，用向善的情感去制约不良的认识动机，从而不断提高理性认识水平。"忧患敬畏"的责任感本身就源于理性认识的提升，同时又促使人自觉、主动地去认识外在世界与人本身。慎德的情感对于慎德的认识是一种具有理性的规制作用，并对认识进行向善引导的力量，对慎德认识的实现具有积极的推动作用。意志与情感相伴而生，情感的强烈程度直接决定意志力的强弱，道德主体如对一种价值毫无兴趣，在意志上就会表现出漫不经心，更不会集中注意力、慎重对待。如对一种价值持有强烈的好恶感，自然就会产生对价值追求或排斥的意志力量。慎德德性品质的最终形成是在行为实践中实现的，一种道德认识只有在行为中经过检验和体认才能真正地内化于人，成为稳定的修养品质。道德情感在由"知"到"行"的转化过程中起到了促进和催化的作用，加速了慎德品质的形成。综上可知，在慎德的品德结构中，情感的力量无处不在，是慎德品质实现的推动力。

（三）慎之意

"如果说道德认识和道德情感主要还是人们内心的无形的活动的话，那么道德意志则主要表现在从内到外、从无形的意识到有形的行动

---

① 李泽厚认为儒家以"情"作为人性和人情的基础，儒家的本体论学说事实上就是"情本体"。参见李泽厚《论语今读》，安徽文艺出版社1988年版，第10、18页；李泽厚《理性和乐感文化》，生活·读书·新知三联书店2005年版，第77页。

② 黄意明：《道始于情——先秦儒家情感论》，上海交通大学出版社2009年版，"绪论"第1页。

的过渡发展过程中，以更丰富、更深刻的内容展现了道德活动完善人的本质、结构和功能。”[①] 慎之知和慎之情相对于慎之行都是人的心理活动，而慎之意则发生在心理活动向外在行为转化的过程中，心之知和心之情如何顺利实现向行的转化？“心”与“行”如何保持统一？都需要通过意志来保证。那么意志在慎德的品德结构中通过什么来发挥作用？具有怎样的表现？又是如何实现其对慎德的保障作用的，以下将着重讨论此问题。

1. 慎之意是理性的力量[②]

理智[③]指导、向善动机、力量表现是慎德意志所必须具备的三个基本要素。不具有理性的因素，没有理智意志指导的谨慎是盲目的；没有向善动机意志的谨慎，是没有任何道德意义可言的；没有意志力量支持的谨慎，慎德品质的实现也会中途夭折，根本无法达成。意志是使道德认识、动机转化为实际行动过程的一种理性智慧，意志的实现主要有“动机的确定阶段”和“动机的执行阶段”[④]，在任何一个阶段都不能没有理智作用参与其中。人之所以谨慎必定要有一定的动机和目的，但什么样的动机是值得坚持的、可以达于慎德品质的，则需要理智意志作用的发挥，对其进行分析、辨别和取舍。在执行动机的过程中，也会面临着人本身和外界环境的双重阻碍和压力。这时的意志更是由“智”而“明”的，对自身欲望和外在困难有明晰的理解和把握，才能更加坚定意志的正确方向。没有理性智慧的意志只能是一种蛮力，真正的意志应该是意志与理智的完美结合。慎德的意志还具有向善的动机，“善”是慎德的直接目的指向，慎德的实现过程也就是一个求善的意志活动过程，慎德的德性品质也是在“向善”“持善”“守善”的意志活动中实现的，“善”是人们在谨慎行为中控制自身欲望、战胜外在困难

---

① 姚新中：《道德活动论》，中国人民大学出版社 1990 年版，第 180 页。

② 此观点受益于陈根法先生的观点：“德性的意志力不是非理性的东西，而是一种理性的力量，德性就是依据道德理性对欲望制约的意志力。”参见陈根法《德性论》，上海人民出版社 2004 年版，第 88 页。

③ 慎德意志所谓理性力量将理智因素包含在内，但之所以将其界定为理性力量，而不是理智力量，是因为慎德意志不仅仅是一种认识思维上的智慧，而是以理智为指导，在向善动机驱使下，自我控制并战胜外在困难的力量。

④ 王海明：《伦理学原理》，北京大学出版社 2001 年版，第 370 页。

的最终目标和根本动力。慎德不同于谨慎在于其是一种稳定的道德品质，而只有以“善”为目标，执着、坚定不移地追求才能实现慎德。慎德不同于一般的谨慎还在于，其对“善”的追求不是迫于外在的压力，而是对“善”的价值认可的前提下的主动努力，是道德主体自愿接受、自主选择的道德目的，所以具有“向善”的道德动机是慎德意志的重要内容。慎德的意志还是一种强大的力量。在德性品质的形成过程中会面临诸多的挑战和艰难，如果没有意志力的支撑，是很难坚持到底，培养道德品质的。慎德的意志力量是控制自身欲望的理性力量，人的欲望无尽，如不对其进行限制，任其发展，人就会沦为欲望的奴隶，丧失自身的道德信念。慎德意志此时就是在“向善”的理性动机的指引下，对欲望泛滥的强大的控制力。外在的环境同样会影响人对道德信念的追求，没有坚强意志力的人在过于安逸的环境中会丧失心志，在过于艰苦的环境中会不堪一击，唯有意志才是坚定“向善”目标，战胜欲望和诱惑，不畏艰难险阻，成就道德品质的强大力量。

2. 慎之意是“坚忍”的心向之志、“自制”的心持之意、“冷静”的心定之力

休谟认为审慎是对我们自己有用的品质。[①] 而从伦理学理论的角度而言，美德又被划分为“对待自我的品德”和“对待他人的品德”，“当代伦理学家迈克尔·斯洛特将德性分为‘自我关注’和‘关注他人’两大类型”[②]。谨慎就是“关注自我”“对待自我”“面向自我”的品德。中国传统慎德虽然也被应用到人与人相处的维度，但其美德的实现主要还是依靠道德主体自身的努力，限制自身弱点与缺陷，坚定道德目标，战胜阻碍慎德品质实现的障碍。

第一，慎之意是“坚忍”的心向之志。儒家言“志”多指趋向于道德目标和方向实现的心理愿望、理想和志向。孔子有“三军可夺帅，匹夫不可夺志也”（《论语·子罕》），“志士仁人，无求生以害仁，有杀生以成仁”（《论语·述而》）。孟子也言：“居仁由义，大人之事备矣。”（《孟子·尽心上》）荀子亦言：“君子之行仁也无厌。志好之，

---

① ［英］休谟：《道德原则研究》，曹晓平译，商务印书馆2001年版，第84页。

② 肖群忠：《伦理与传统》，人民出版社2006年版，第106页。

行安之，乐言之。”（《荀子·非相》）儒家以仁义为志向，为道德努力的方向和目标。其倡“慎”为美德也是因为慎之意就是对“仁义”之志“坚毅”的意志力。慎德不是一般意义上趋利避害的谨慎之举，随着利欲诱惑摇摆不定；而是在遭遇种种艰难时也不改其志的坚忍不拔、百折不挠的持久耐力和毅力。面对功名利禄，要做到“轩冕在前，非义弗乘”（《说苑·立节》）[①]；面对威胁恐吓也“不可以威胁而变其操，不可以利诱而易其心”（《刘子·大质》）[②]。身处困境中更应该“不能迁其心”[③]，正如王夫之所说：“慎者，畏其身入于非道，以守死持之而不为福祸利害所乱。”[④] 所以慎之意首先是一种“坚忍”的毅力，是对道德目标坚定、执着，在困苦中不屈不挠的心灵力量。

第二，慎之意是“自制”的心持之意。“自制是意志品格的精髓，一切美德的根本。”[⑤] 中国古代文献中以“谨”释“慎”，以“顺”释“慎”，都表明谨慎的收敛、检点、自制之意。谨慎就是自我控制、自我约束，用理性的意志克制有害的欲望，限制不稳定的情绪，去恶迁善。《尚书·虞书·皋陶谟》有言：“慎厥身，修思永。”《周易·坤卦》有言：“括囊无咎，慎不害也。”《诗经·风三·邶》中说：“终温且惠，淑慎其身。”对自我进行约束是谨慎的重要内涵，“自制”确保个人将善进行到底，使谨慎之德在个人行为中得以实实在在地体现出来。然而“自制”不是“禁绝”，谨慎的人不是断绝一切欲求，而是以“义”作为“节制”取舍的标准，并将人的欲望和情绪控制在适度的范围内。

第三，慎之意是“冷静”的心定之力。人的意志不仅表现为对困难承受、克服的能力，还表现为自我控制的能力，更表现为在面对困难、诱惑以及自身情感、情绪冲动时具有的强大定力。这种定力就是“冷静”，是时时刻刻使人的全部身心保持“凝定、涵敛、精纯和一贯”[⑥]，以及清醒、淡定、沉静状态的能力。人往往会处于非常复杂的

---

① （西汉）刘向：《说苑》，程翔译注，北京大学出版社2009年版，第100页。

② 王叔岷：《刘子集证》，中华书局2007年版，第164页。

③ （唐）柳宗元：《柳河东集·卷九·国子司业阳城遗爱碣》，商务印书馆1958年版，第45页。

④ （明）王夫之：《俟解》，中华书局2009年版，第86页。

⑤ 陈根法：《德性论》，上海人民出版社2004年版，第92页。

⑥ 周与沉：《身体：思想与修行》，中国社会科学出版社2005年版，第198页。

状况。具有“冷静”能力的人可以做到内心平静、抗拒多种因素的干扰，沉着应对；而鲁莽的人则感情用事、惊慌失措、草率抉择，造成不可挽回的后果。《礼记·儒行》“慎静而尚宽”，《管子·九变》“正衡一静，能守慎乎”，刘安曰“慎身无躁”（《淮南子·时则训》），陆心源曰“静则能慎内言”（《唐文拾遗》），“冷静”是谨慎的应有之义，是成就慎德所应该具有的抗拒纷扰的意志能力。然而，冷静并不是坐以待毙、消极地等待，而是持守定理、静待时机、蓄势待发、以静制动、以不变应万变。

3. 慎之意是慎德实现的意志保障

“有道德意志，一定有道德行为，一定有相应的品德；没有道德意志，一定没有道德行为，一定没有相应的品德。”[①] 知与情发挥作用的方式是相对柔性的，在困难、挫折和诱惑面前很可能会不堪一击；而意志却是刚性的，可以使人不惧风险、无畏困苦，向着道德目标和道德理想勇往直前。有道德认识的人，不一定在行为中实践道德认识，有强烈的道德愿望和情感的人距离德性品质的形成也相差甚远，唯有道德意志可以使人具有坚强的意志力，克服自身的局限、拒绝诱惑、战胜困难，保证道德品质的实现。慎德之所以是以“慎”为实质内容的品德，不同于其他德目，就在于其更强调意志的作用，强调自我收敛和自我克制。谨慎是因为他律而被动产生的自制、自我约束，慎德则是自律、自我立法，是将外在的道德要求内化为内心的道德法则，不仅可以约束自我，而且也生发出一种坚定信念、不屈不挠、无畏艰险的强大动力，所以意志是慎德的最重要的德性内涵，是实现慎德的力量保障。

综上而言，在慎德的品德结构中，“知”是理性基础，“情”是情感力量，“意”是意志保障，三者在慎德品质的形成过程中缺一不可，无“知”之慎是愚昧，无“情”之慎是智巧，无“意”之慎是懦弱。所以有慎德品质的人不仅目标明确、头脑清醒、善避祸患、有智有谋，而且感情敦厚、内心善良，有热情、有激情，更加具有坚持不懈、百折不挠、战胜自我、勇往直前的信念和力量。

以上是慎德的内在心理结构，但事实上，慎德要实实在在地在人身

---

① 王海明：《伦理学原理》，北京大学出版社 2001 年版，第 371 页。

上得以实现，还需要经历一个重要的实践环节，即在道德行为中实践慎德，只有在道德行为中才能深化道德认识、落实道德情感、体现道德意志，将外在的道德规范内化为主体自身的道德品性，所以只有在德行中才能实践慎德，只有在德行中才能完善慎德，德行是培养慎德德性的重要实践环节。道德是一种实践精神，没有实践，就根本没有什么道德可言，所以儒家十分重视在行为中实践道德，在行为中培养慎德。为了更深入地讨论这一问题，留待“慎德的自我修养”一节详述。

二 慎德之横向结构

慎德的横向结构是指慎德作为一种德性和规范有其不同的适用领域。下面将从处己、处人、处事三个维度，阐述其不同的作用方式和表现。在处己领域，慎是进行自我道德修养的方法；在处人领域，慎是与人相处的方式；在处事领域，慎又是做事成功的手段和保障。

（一）处己之慎

处己之慎不仅是外在环境对道德主体自身修养所提出的客观要求，亦是道德主体自身修为的主动性努力，《管子》曰：“先慎于己而后彼，官亦慎内而后外，民亦务本而去末。”传统儒家倡导修身是立身处世、齐家治国的根本，慎德必然也从个体修养出发，表现为处己之慎。

第一，独处、自省之慎。所谓“慎独”就是一个人身居隐处、独处斗室，在没有任何外在监督、不为人知晓的时候同样能够小心谨慎、自我检省、严于律己、自觉遵守道德。如蘧伯玉过卫君门，虽旁无一人，也能恭敬肃穆，“揖让而过”，遵守礼制，“不为冥冥惰行”[①]；据《后汉书·杨震传》记载，东汉安帝时的荆州刺史杨震亦能在夜深人静、无他人知晓之时，坚持正义，拒收行贿重金。然而“慎独”不仅是指在他人不知的场所进行自我警醒、自我检查，更重要的是在“只他人所不知，虽在众中，便是独也”（《朱子语类·论语六》），在他人不容易察觉的自己的内心深处，依然能够诚于善，谨守道德，严格要求

① 参见傅亚庶《刘子校释》，中华书局1998年版，第108—109页。

自己，不越规、不逾矩。即朱熹所说："君子慎其独，非特显明之处是如此，虽至微至隐，人所不知之地，亦常慎之，小处如此，大处亦如此；明显处如此，隐微处亦如此，表里内外，粗精隐显，无不慎之。"（《朱子语类·大学三》）"慎独"的方法是"自省"，是找出自己的过失，认识自己的不足，克服自己的缺点。"君子重慎，自知无过，如日月之蚀，无阴暗食人以不洁清之事，内省不惧，何畏于雷。"（《论衡·雷虚篇》）警惕自身的欲望、恶性的萌生，认真、细致、严肃、认真地检讨自我，并能够坚守道德，及时改过。"省察如逻卒缉奸细，克治如将军战劲敌"（《呻吟语·修身》），自省就是同自己不断地斗争，没有谨慎，没有高度的警觉、清醒的认识、冷静的心态、严密的关注、自觉的克治，是不可能达到的。

第二，见闻、思考、言行之慎：所见、所闻，真假、善恶、是非混杂，"目妄视则淫，耳妄听则惑，口妄言则乱。夫三关者，不可不慎守也"（《淮南子·主术训》）。不谨慎分辨，什么都看、什么都听，就会迷惑人的心智，影响人的价值判断和道德选择。认识到这一点，所以古人主张对所见、所闻要谨慎，"戒慎乎其所不睹，恐惧乎其所不闻"（《礼记·中庸》），并规定了谨慎选择可以见、可以闻的依据标准。孔子主张见闻依"礼"，"非礼勿视，非礼勿听"（《论语·颜渊》）；荀子则以见闻是否符合善恶准则、是否有利于人道德修养为取舍依据，"君子耳不听淫声，目不视女色，口不出恶言，此三者，君子慎之"（《荀子·乐论》）。见、闻是感性材料的积累，对其进行分辨、归纳、综合，择善去恶，对于培养自身修养是必要的，理性的思维方法同样也是必不可少的。"慎思"才能"明辨"，"慎思"才能"笃行"（《礼记·中庸》）。《大戴礼记·曾子立事》有言："君子虑胜气，思而后动，论而后行，行必思言之，言之必思复之，思复之必思无悔言，亦可谓慎矣。"慎思是至良言善行的必经程序，通过认真、细致、周密的思虑工夫才能辨别善恶、择善去恶，并以善去指导人的言行，避免恶言恶行，减少过失。人的道德修养必然要落实到言行上，并通过言行表现出来，言行是是否成就道德修养的关键，即"言行者君子之枢机，枢机之发，荣辱之本也，可不慎乎"（《说苑·君道》）。并且，"言有召祸也，行有招辱也，君子慎其所立乎"（《荀子·劝学》）。说话、行动不谨慎很容易招致灾祸和侮辱，所以古人十分重视谨言慎行，通过检点言行来减少过失，修养道德，“讷于言，而敏于行”（《论语·里仁》）。“多闻阙疑，慎言其余……多见阙殆，慎行其余。”（《论语·为政》）言行之前要认真、反复、周密地思考，“言必虑其所终，而行必稽其所敝”（《礼记·缁衣》），再“择可言而后言，择可行而后行”（《管子·形势解》），从而使言行适宜、得当。

第三，渐染、积习之慎：何为“渐染”？《正字通·目部》有言：“染，习俗积渐曰染。”“渐染”就是个体所处的外在环境对个体品性具有潜移默化的影响作用。“慎染”就是警惕、谨慎对待环境对个体的影响。虽然各家学派对道德的根源观点各异，但无一不承认环境对个人道德品性形成的影响，并主张人作为道德个体具有择善去恶、谨慎熏染的道德能力。墨子的“慎染”说影响深远。“染于苍则苍，染于黄则黄，所入者变，其色亦变，五入必，而已则为五色矣。故染不可不慎也。”（《墨子·所染》）什么样的道德环境塑造什么样的人，人的是非观、价值观与个体所处环境关系密切，如不慎重、明辨善恶、节制自我、保持独立性，必然会沉沦其中，丧失自我。孟子也说：“富岁，子弟多赖；凶岁，子弟多暴。非天之降才尔殊也，其所以陷溺其心者然也。今夫辫麦，播种而耰之，其地同，树之时又同，浡然而生，至于日至之时，皆孰矣。虽有不同，则地有肥硗，雨露之养、人事之不齐也。”（《孟子·告子上》）孟子虽主张人皆有善端，但他也认为富饶和贫困的生存环境会对人品德的形成有相当的影响。荀子从其性恶论出发，认为个体“化性起伪”的道德根源在于外在的“礼义之统”，依礼义制度而行的外在环境可以完善人的道德品性，恶的环境只能使人的本性之恶愈演愈烈，所以“蓬生麻中，不扶而直。兰槐之根是为芷。其渐之滫，君子不近，庶人不服，其质非不美也，所渐者然也。故君子居必择乡，游必就士，所以防邪辟而近中正也”（《荀子·劝学》）。“君子之所渐不可不慎也。”（《荀子·大略》）必须谨慎选择与之交往的人和所居住的环境。“积习”是习惯的积累和养成。习惯是在长时期里养成的稳定的思维方式和行为倾向，一旦养成，就成为自然，自觉不自觉地在人的思想和行为中体现出来。好的习惯的养成并非一朝一夕之功，“人知谨注错，慎习俗，大积靡，则为君子矣”（《荀子·儒效》），“阳气畜而复能施，阴气积而复能化，未有不畜积而能化者也，故圣人慎所积”（《文子·上德》）。时刻谨慎自己的一言一行，警惕自己的不良习惯，思想、言行都符合道德，日积月累，才能形成良好的习惯。“潜结始自毫厘，终成渊岳，是以学者务慎所习”（《弘明集·奉法要》），小的恶习不重视，必铸成大错，而且积习难改，所以不得不慎。

（二）处人之慎

中国传统社会是人伦社会，人伦关系极其复杂。谨慎处理人际关系是参透传统社会的人伦之理，以及在复杂的人伦关系网中规避过失、减少矛盾、实现社会和谐的重要保障。人伦关系中的处人之慎主要表现为态度之慎、行为之慎和交往之慎三个方面。

第一，态度之慎，对待他人的态度要谨慎。与人相处态度恭敬、严肃、认真，才能赢得良好的人际关系。“敬慎”与“谦慎”是处人过程中的两种态度。对人需“敬慎”，对己要“谦慎”。“敬慎”就是对他人尊重、恭敬，是扬人之慎，是因为对他人敬重而严格要求自己。《礼记·昏义》有言：“敬慎重正而后亲之，礼之大体，而所以成男女之别，而立夫妇之义也。”夫妇相待，应该敬重谨慎，不能放荡无礼。“使之以时，而敬慎之。如临深渊，如履薄冰。”（《文子·上仁》）对待百姓更应该敬慎，不能肆无忌惮地剥削、搜刮。“敬慎恭己而虞芮自平”（《说苑·君道》），敬重他人，并谨慎自身，严格要求自己才能实现人与人之间和平相处。“敬慎则获福，恣肆则致凶。”（方孝孺：《送伴读朱君之庆府序》）敬慎可以避免因骄傲放肆所产生的祸患。“敬则人爱之。”（《孔子家语·观周》）敬慎更可以受人爱戴，建立良好的人际关系。“谦慎”是控制自满、自傲的情绪，制止自我夸耀、妄自尊大、居功自傲、争强好胜的行为，虚怀若谷、谦虚处卑地与人相处的态度。相对于“敬慎”而言，“谦慎”是抑己之慎，是“尊人卑己”“厚人自薄”（《新书·道术》）、“屈己敬人”（《白虎通义·卷二》）：尊重他人，正确认识自己；厚待他人，严格要求自己；敬爱他人，约束限制自己。《易》曰：“谦亨，君子有终，吉。”谦慎可以戒骄戒躁，避免与人纷争，使人保吉而终；“劳谦君子，万民乃服”（《易·谦·象》），谦慎、勤劳可以得到民众的归服，“劳谦虚己，则附之者众；骄慢倨傲，则去之者多”（《抱朴子·外篇·刺骄》），谦慎，不骄纵、不傲慢，也可以赢得更多人的青睐，形成和谐的交往氛围。

第二，行为之慎，针对他人的言语、行为要谨慎。人与人之间的交流主要是通过说话来完成的，言人、与人言、听人言是否谨慎是建立良好交往关系的关键，对此，先秦儒家的论述极为丰富。言人，评论他人，在人人交往中是极其敏感的。“古之慎言人也。戒之哉！无多言，多言多败；无多事，多事多患。”（《孔子家语·卷三》）议论他人、评价他人要谨慎，要有理有据，不妄断、不妄评。不道人隐私、不论人长短、不传闲话，才能避免在人际关系中出现矛盾。与他人说话，要分清说话的对象，“可与言而不与言，失人；不可与言而与之言，失言”（《论语·卫灵公》）。不谨慎分清与其言语的对象，言多必失，并丧失与良善之人交往的机会。采取什么样的方式与他人交流，更应该谨慎选择，“朝，与下大夫言，侃侃如也；与上大夫言，訚訚如也。”（《论语·乡党》）孔子以极其生动的描述表明君子在不同场合，与不同人言语的恭谨之貌。与人言，还要察言观色，“言未及之而言谓之躁，言及之而不言谓之隐，未见颜色而言谓之瞽”（《论语·季氏》）。仔细观察交流对象的表情、反应，不贸然开口，言与不言，有所选择。听取他人的言论，更应该有所取舍，“浸润之谮，肤受之愬，不行焉”（《论语·颜渊》），诋毁他人的诬告，没有任何依据的谗言，不听不信，不散布、传播。与人交流还要考虑到他人的感受，孟子有言：“责善，朋友之道也。”（《孟子·离娄下》）荀子说“与人善言，煖于布帛；伤人之言，深于矛戟”（《荀子·荣辱》），对人说话，应该以善劝勉，不能随意放肆，对他人造成伤害。个体的谨慎行为在与人交往中十分重要，“出一美言善行，而天下从之”（《新论·言体》）[①]，“慎而行也，人且随女”（《韩非子·卷十三·外储说右上第三十四》）。好的行为通常能获得好的人际关系，能争取到更多人的信任。所以，与人交往言语慎重、行为恭谨，考虑他人感受，分清交往对象，注意时间、场合，言可言、行可行，是慎处人的重要方法。

第三，交往之慎，选择交往对象要谨慎。“与君子游，苾乎如入兰

---

① （东汉）桓谭撰：《新辑本桓谭新论》，谦之校辑，中华书局2009年版，第14页。

芷之室，久而不闻，则与之化矣；与小人游，贷乎如入鲍鱼之次，则与之化矣；是故，君子慎其所去就。”（《大戴礼记·曾子疾病》）人与人之间是相互影响的，近朱者赤近墨者黑，与不同的人相处会对自身的道德品性产生不同的影响，所以选择与自己交往的人，不得不慎。择友要慎，“君人者不可以不慎取臣，匹夫不可以不慎取友。友者，所以相有也。道不同，何以相有也？均薪施火，火就燥；平地注水，水流湿。夫类之相从也，如此之著也，以友观人，焉所疑？取友善人，不可不慎，是德之基也”（《荀子·大略》）。君主谨慎选择大臣，平常人谨慎结交朋友，因为物以类聚、人以群分，鉴定一个人的道德品质只要看他所结交的朋友就可以了，所以结交具有善良品质的朋友是具有德性的基础。孔子说：“益者三友，损者三友。友直，友谅，友多闻，益矣。友便辟，友善柔，有便佞，损矣。”（《论语·季氏》）理性认识益友、损友的差别和不同，谨慎选择，从善去恶是明智的择友之方。“择师不可不慎。”（《礼记·学记》）师是实施教育者，其言行举止对其弟子有影响作用，所以应慎择师。“君子居必择乡，游必就士，择居所以求士，求士所以辟患也。”（《晏子春秋·内篇杂上第五》）人所居住的外在环境具有对人的潜移默化的影响作用，所以人应谨慎地选择所居住的环境，对邻居亦谨慎择取，孟母三迁即为谨慎择邻的典范。

（三）处事之慎

处事之慎是在人与事的关系维度上展开的，倡导做事应该谨慎。古人认为，“谋事在人，成事在天”（《三国演义·一百零三回》）。相信事情的成败与否取决于天意，但也认为做事需要通过人的努力，方可成就。“不慎其事，不掩其情，贼乃将生。”（《韩非子·主道》）做事不慎重，就会产生贼乱。“临事而惧，好谋而成者也。”（《论语·泰伯》）警惕、忧患、小心、谨慎才能谋求事情的成功。所以古人倡导重视所做的事，做事之前理智谋划、周密部署；做事过程中细密认真、一丝不苟；事情完成后反复检查，以减少过失的谨慎为美德。具体表现为谨慎事物的性质、谨慎事物的演变、谨慎处事的方法三个方面。

第一，“慎美丑”“慎是非”“慎善恶”，对待事物的性质要谨慎。美丑、是非、善恶是事所具有的正反两方面的性质，其性质虽然是截然相反的，但它们也存在相对性的一面，恶有时会戴着善的面具出现，真有时也虚幻莫测、难以琢磨，丑陋的外观之后或许隐藏着美丽的实质。“乱生于远，疑生于惑。物有异类；形有同色。白石如玉，愚者宝之；鱼目似珠，愚者取之；狐貉似犬，愚者蓄之，栝蒌似瓜，愚者食之。”① 在具体的道德情境下，“善恶”“是非”“美丑”的表现又是极其复杂的，不谨慎，就会被其迷惑，受其愚弄。“是是、非非谓之知，非是、是非谓之愚。”（《荀子·修身》）是非不分、善恶不明、美丑不辨，导致对事的错误认识，形成智者和愚者的区别，所以人应该谨慎辨别事的不同性质。面对纷繁复杂的外在世界，心态冷静、理智分析，“察其公私之异，识其邪正之归，辩其善恶之分”② 是谨慎做事的首要任务。明辨是非、善恶、美丑才能不迷、不惑、不弊，才能进行正确的选择。

第二，“慎微小”“慎祸患”“慎始终”，对待事物的变化要谨慎。无论是外在的客观事物还是处在发展过程中的事态演化都不是一成不变的，鉴于对这一点的认识，古人提出谨慎对待事的发展、变化。“慎小事微，违非索辩以根之”（《管子·君臣下》），“戒过慎微，不敢纵其欲也”（《淮南子·主术训》），“圣人敬小慎微，动不失时”（《淮南子·人间训》），“君子慎小物而无大败也”（《春秋繁露·循天之道第七十七》），事经历着由小到大、由薄到厚的不断积累和演变，不从事物、事情微小的时候就谨慎对待，必成后患，以致大败。“祸，福之所倚；福，祸之所伏。”（《老子·德经》）福祸是相互转换的，所以时时警惕，居安思危、居福思祸、居祸惜福方能得福避祸。“慎厥终，惟其始。”（《尚书·商书·仲虺之诰第二》）“慎终如始，则无败事。”（《老子·德经》）事并非始终如一、前后不变的，是在善恶、是非、福祸的相互演变和积累的过程中进行的，所以无论在为事终始阶段都应该时时保持警惕谨慎之心。

第三，“慎守一”“慎其前”“慎守密”，做事方式要谨慎。“慎守一”就是做事专一、全神贯注、克制自身的焦躁情绪、踏实勤恳、认

① （三国）诸葛亮：《诸葛亮集·卷三·便宜十六策·察疑》，张连科、管淑珍校注，天津古籍出版社 2008 年版，第 231 页。

② （明）王守仁：《王阳明全集》，吴光、钱明、董平、姚延福编校，上海古籍出版社 1992 年版，第 855 页。

真谨慎、始终如一。“大凡人心，不可二用，用于一事，则他事更不能入者，事之主也。事为之主，尚无思虑纷扰之患。”① 专一，就是谨慎、收敛，“不昏昧”“不放纵”（《朱子语类·卷十二·学六》），收敛内心、约束自我，保持清醒的状态，注意力高度集中，不三心二意、胡思乱想，如此才能尽力而为，避免过失。谨慎做事更应“慎其前”，反思曾经做过的事情、改正错误和过失，“不慎其前，而悔其后，虽悔无及矣”（《说苑·建本》）。对前行往事不谨慎，追悔莫及。为事亦应该持守秘密，事以密成。“君不密则失臣，臣不密则失身，几事不密则害成。是以君子慎密而不出也。”（《周易·系辞上》）谨慎还可以戒除人在做事过程中的盲目自信心理，孔子曰：“毋意，毋必，毋固，毋我。”（《论语·子罕》）朱熹对其注释说：“盖意必常在事前，固我常在事后，至于我又生意，则物欲牵引，循环不穷矣。”（《四书章句·论语集注》）人往往在事前容易盲目揣度，事后又妄自肯定，事中固执己见、自以为是，如此则致事不成。所以在古人看来，谨慎应该是专心致志、反思改过、保守秘密、杜绝主观判断、小心谨慎的做事方法。

三 慎德之纵向层次

前文对慎德的品德结构以及慎德在横向维度的表现进行了分析，但正如古人所说“非知之艰，行之惟难”（《尚书·说命中》），将慎德真正地贯彻于行为中是一个极为艰难的过程，因为道德主体的个体差异以及所面临的外在环境不同，所以个体所达到道德要求的程度和水平也不同，由此便有了慎德境界的层级构成。冯友兰先生根据人对宇宙人生的觉解程度，即人在行为中的自主性程度以及所追求达到的行为目标，将人的境界划分为“自然境界”“功利境界”“道德境界”和“天地境界”②。慎德作为一种德性品质，其预设的行为规范和道德要求固然没有什么大的不同，但由于人们在具体实践过程中所遭遇的困难和主体的自觉程度不同，便形成了以保存身体为目的相对消极的“避患保身”

① （北宋）程颢、程颐：《河南程氏遗书》，上海商务印书馆1935年版，第186页。

② 冯友兰：《三松堂全集》，河南人民出版社2001年版，第497页。

之慎，以修养德性为目的积极的“敬德修持之慎”和主体高度自觉自为境界的“慎独至善之慎”。本节主要以相关人物的思想为代表，分别对这三种不同层次的“慎德”思想予以论述。

（一）避患保身之慎

避患保身的谨慎思想源于道家“顺世安命”的生存哲学，主张将保全生命作为最高的人生价值，谨慎可以避免祸患和过失，保全自身。刘向，西汉后期著名的思想家，吸收了儒、道两家思想，以“敬慎”作为其避祸保身的修养方法。刘向的“敬慎全身”思想源自他对祸患的认识，他认为祸患与天意无关，是由人自身招致的。[①]“存亡祸福，皆在己而已”（《说苑·敬慎》），“福祸存亡，其要在身”（《说苑·敬慎》），“祸福非从地中出，非从天上来，己自生之”（《说苑·谈丛》）。祸患都是由自身而引起的，而要避免祸患、转祸为福，也必须通过自身的谨慎努力才能实现，由此刘向提出一套“敬慎”避患之方。保持“居安思危”的警惕意识，“满则虑溢，平则虑险，安则虑危，曲则虑直”（《说苑·权谋》），时刻保持对危险、祸患的警惕心理，对可能发生的危险做好充分的准备。并在现实生活中保持谦逊持盈，在行为中谨慎内敛，通过谨慎避祸，而实现全生。“怨生于不报，祸生于多福，安危在于自处，不困在于蚤豫，存亡在于得人。慎终如始，乃能长久；能行此五者，可以全身。”（《说苑·敬慎》）刘向的“敬慎”思想所倡导的谦虚谨慎、“修身正行”、戒满持盈与儒家传统的谨慎思想在具体操作上没有大的差别，最根本的不同就在于其以“全身”而不是以“成德”为直接目的，“君子行德以全其身”（《说苑·谈丛》），君子通过进行道德修养可以避免灾祸殃及己身，保存生命，成德是为了全身，谨慎之德是其全身的方式和手段。刘向的“敬慎”思想又不同于道家与黄老之学的思想，不是通过“绝仁弃义”“不谴是非”和逃避现世的方法，避免与现世善恶价值发生冲突而达到全生，而是积极地作为，以儒家所倡导的礼义作为修身养性的价值原则。“凡司其身，必慎五本：一曰柔以仁，二曰诚以信，三曰富而贵勿敢

① 参见吴全兰《刘向“敬慎”的修身原则及其现代价值》，《广西师范大学学报》2006年第1期，第128页。

以骄人，四曰恭以敬，五曰宽以静。思此五者，则无凶命……”（《说苑·敬慎》）通过对儒家所倡导的“仁义”“诚敬”等道德价值的谨慎修持，避免行为不当和人际纠纷给自身带来的祸患，从而在纷繁复杂的险恶环境中趋吉避凶、保存自身。

王弼，魏晋玄学清谈的代表人物之一。魏晋时期是中国古代一个长期动荡不安的历史阶段。门阀氏族把持着政治特权和社会财富、资源，生活上骄奢淫逸、无恶不作，政治上相互倾轧、争权夺利、明争暗斗，人民处于极其险恶的生存环境之中。王弼时逢曹氏集团与司马氏集团的残酷斗争的政治局势，预测必将会有大的危险和不幸发生，鉴于如此的生存困境，他提出了“慎以保身”之术。王弼的“谨慎”思想源于其对险恶的政治局面的一种忧患心理，“一时之吉，可反而凶也……是故用无常道，事无轨度，动静屈伸，唯变所适”（《周易略例·明卦适变通爻》）①。“若能知危之至，惧祸之深，忧病之甚，至于涕洟，不敢自安，亦无所不害，故得‘无咎’。”（《周易注·萃卦》）② 世事变化无常，灾祸、患难随时可至，唯有对危险、灾祸时刻忧惕，才能减少过失，避免祸患殃及己身。王弼的“谨慎自保”思想以“无”的本体论为出发点③，他认为人类世界虽然是纷繁变化、不可捉摸的，但是创生“有”的世界本体“无”却是不变的，只有在思想和行为实践中追求“无”的境界，才能保身，达到生命的长存，所以他主张无为、无欲、无求。“夫安身莫若不竞，修己莫若自保。守道则福至，求禄则辱来。”④ 要实现自保就应该在政治上无所作为，更不要汲汲于追名逐利，保持本真、无欲无求才能避免突如其来的灾难给自身所带来的伤害。“谨慎自保”不仅可以使人避祸，而且还可以“寡过”，“凡过之所始，必始于微，而后至于著……过而不改，乃谓之过”（《周易注·噬》）⑤。“过而可以无咎，其唯慎乎！”（《周易注·大过》）⑥ 人应该在细微之处

① （魏）王弼：《王弼集》（下），楼宇烈校释，中华书局1980年版，第604页。
② 同上书，第447页。
③ 朱贻庭：《中国传统伦理思想史》，华东师范大学出版社2004年版，第248页。
④ （魏）王弼注，（唐）孔颖达疏：《周易正义》，北京大学出版社1999年版，第123页。
⑤ （魏）王弼：《王弼集》（上），楼宇烈校释，中华书局1980年版，第357页。
⑥ 同上书，第322页。

关注自己的过失，及时克服和改正，避免因为自己的过失而带来的不幸。道家主张通过以柔克刚、以无用为用、不以情性伤身等方法达到“保身”“全生”，实现在乱世中游刃有余的人生目的，以“不敢为天下先”（《老子·德经》）、“慎守女身”（《庄子·在宥》）、“慎守其真”（《庄子·渔父》）作为达致保身的方法。道家的谨慎无为思想并不是完全消极的，而是无为无不为，是通过消极的手段达到积极的目的，追求一种真正的“无”的精神状态。然而王弼的“慎以保身”所采取方法却是清谈、不评议实事人物，纵有愤世嫉俗之志，也不能表达，其最根本的目的就是在动荡社会中保存自己的“肉体”之身。慎在王弼的“保身”思想和刘向的“全身”思想中虽然都是为了避祸以保身，但发挥作用的方式是不同的。刘向主张祸患从己出，谨慎通过修养仁义之德来杜绝祸患产生的根源；而在王弼处，祸患主要源自动荡的外在环境，谨慎通过无为、随顺自然而避免祸患殃及己身。

王艮，明朝时泰州学派代表人物之一，承袭王阳明的“格物致知”的思想，反对程朱理学“存天理”“灭人欲”对人的绝对束缚，将人的肉体之身从束缚中挺立出来，主张“明哲保身”。“明哲保身”思想的提出有其特定的历史条件，据心斋《年谱》记载，王艮四十四岁时，“时同志在宦途，或以谏死，或谴逐远方。先生以为身且不保，何能为天地万物主？因瑶湖北上，作此赠之”。明朝末期，政治斗争残酷，不少仁人志士为此牺牲性命，王艮目睹师友王阳明、冀元亨惨遭陷害，锒铛入狱，自身难保，有感于此，思考生命的重要，并解决如何“保身”的问题，“戒慎恐惧”就是其立足于保存肉体生命而提出的方式之一。“止至善者，安身也。安身者，立天下之大本也。本治而末治，正己而物正也，大人之学也。事故身也者，天地万物之本也，天地万物末也。”（《王心斋全集·语录下》）①“不知安身便去干天下国家事，是之谓失本也。”（同上）王艮认为“身”是天下万物的根本，只有身体保住了，才能去干其他的事情，由此将“保身”置于最高的目的性地位。“保身”还是人的本能，“明哲保身者，良知良能也”（《王

① （明）王艮：《王心斋全集》，据日本嘉永元年（1846）和刻本影印，中文出版社出版，第71页。

心斋全集·明哲保身论》)[1]，是不学而知、不学而能的，具有先天的合理性，所以王艮所谓戒慎恐惧工夫[2]也就是保有“身”之大本。“立则见其参于前，在舆则见其倚于衡。常是此中，则善念动自知，恶念动自知，善念自充，恶念自去，知此慎独，便可知立大本。知立大本，如何内不失己，外不失人，更无渗漏，使人皆如此用功，便是致中和，便是位天地、育万物事业。”（《王心斋全集·语录下》)[3] 保得身在，善恶自在其中，戒惧谨慎就是保身之道。王艮的“保身”思想与刘向的“全身”思想的相同之处在于将身体置于道德之上：前者看到了“身”的消极性，谨慎主要在于对自身的克制，避免因为自身无德而产生的祸患；而后者则将身置于最高的本体地位，身就是道，一切道德行为如“爱人”“敬人”都是以保身为目的。王弼和王艮都认为危及己身的祸患源自危险的乱世。但王弼采取无知、无欲、不竞、不争的“慎守其身”，不与乱世针锋相对的方法；而王艮则是高扬个体生命价值，虽主张求得物质生存的条件，但不主张苟且偷生，虽主张通过慎处人我关系来保身，但又不是没有原则、没有尊严，其所主张的“保身”是不服从封建等级秩序，而又在封建的残酷统治中保存自身而进行的努力和斗争。

总之，避患保身之慎，就是以保身为目的的谨慎思想和谨慎行为。主张人身即人的肉体生命是人所追求的最高价值和行为的最终目的，谨慎只不过是实现保身的工具和手段，具有一定的功利性特点，谨慎做事的目的很明确，就是趋吉避凶、趋利避害，避免祸患殃及己身，保存肉身的久存和安康。即使刘向主张施行敬慎谦退、修身正行等道德行为，但也很难说他就具有较高的道德自觉性。避患保身之慎通常都是由于人

---

① （明）王艮：《王心斋全集》，据日本嘉永元年（1846）和刻本影印，中文出版社出版，第97页。

② 对于此学者们有不同的解释。任继愈先生认为，王艮戒慎恐惧是封建地主阶级的本能，要按照封建的道德修养思想和行为。参见任继愈《中国哲学史》第三册，人民出版社2000年版，第362页。大多数学者则认为王艮主张的“明哲保身”是对封建道德说教的反抗，从而走向关注自我、关注自身。参见沈善洪、王凤贤《中国伦理思想史》（中），人民出版社2005年版，第567页。

③ （明）王艮：《王心斋全集》，据日本嘉永元年（1846）和刻本影印，中文出版社出版，第88页。

面临着极端的生存困境，肉体生命不堪重负而产生的一种自我保存的本能反应，所以表现出一定的被动性。但又不是完全被动和消极的，不是对困苦和患难一味地屈服和顺从。刘向的“全身”之术就是通过实践道德修养与祸患进行不断的抗争；王弼的“保身”思想也是通过一种极端的方式表达对现世黑暗的不妥协；王艮更是倡导生命价值，欲冲出封建统治秩序的牢笼。所以在避患保身之慎中存在着追求更高的精神价值的倾向，但毕竟没有超脱肉体生命的局限，而成为对道德价值的自觉追求。

（二）敬德修持之慎

敬德修持之慎不同于避患保身之慎，不是以保存肉体生命为最终目的，而是以“德”为最高的价值追求，之所以谨慎修持是因为对“德”有笃实的情感和坚定的信念，在谨慎修养的过程中有较强的自主性和自觉性。因为敬德而谨慎的思想产生于西周，西周时期，“德”之所以被人所珍视是有原因的，经沈善洪先生考释，“德”最初是指对财富的占有，而至周王克殷，天命因周王所具有的才能和品德而发生了转移，[①]“皇天无亲、惟德是辅”（《尚书·周书·蔡仲之命》），“惟不敬德，乃早坠王命”（《尚书·周书·召诰》），是否“敬德”“修德”成为统治者获得上天眷顾的原因，“德”由此具有了道德意义，“修德”成为对“德”珍视而进行的道德努力。“思人慎德，德开，开乃无患”（《逸周书·程典》），为政者在朝代更迭和兴衰中看到了“德”的作用，重视“德”，并得出“克慎明德”[②]（《尚书·周书·文侯之命》）的为政敬德之道。他们以“敬德”“慎德”为指导思想，严格谨慎地遵守为政以德的道德规范。在自我修养方面，“慎厥身，修思永”（《尚书·虞书·皋陶莫》）；在政治治理方面，“明德慎罚”（《尚书·周书·康诰》），“庶慎庶狱”，“慎乃出令”（《尚书·周书·多方》），“慎乃简僚”（《尚书·周书·冏命》）。虽然，“德”在产生之初，是因为对天、对祖先神

---

① 参见沈善洪、王凤贤《中国伦理思想史》（中），人民出版社2005年版，第12页。

② 《尚书》中有“敬德”“明德”“慎德”的表达，经廖名春考释，三者都是重德之义，即对“德”的心理珍重。参见廖名春《中国学术史新证》，四川大学出版社2005年版，第111页。

的敬畏而在祭祀过程中表现出的谨慎心理和谨慎行为[①]，谨慎此时依然具有被动性，“德”还没有成为人的内心自觉。而后，“神秘性的天”转为“伦理性的天”，“天”“神”所具有的道德倾向，使周人在内心中产生了对“配天之德”的向往，“德”成为人内心中的一种信念和价值原则，谨慎则是以“德”为价值目标和导向的自我约束、自我反省和自我修养，具有了更高的道德自觉性和主动性。西周产生的在“慎德”“敬德”指导下的谨慎思想和行为虽然也具有一定的被动性，但不同于前面提及的“避患保身”之慎，不是强调个体生命的保存，而是为政者为了实现“敬德保民”“祈天永命”“国祚永长”而具有的美德，“敬德”“慎德”就是人内心中所具有的对“德”的珍重的情感，“德”是作为谨慎的目的性价值而存在的，不是实现某种功利性价值的目的和手段。

“德”最初产生是为政者的政治德行，不具有普遍性，直至春秋战国时期，“德”才成为规范人行为的普遍法则，道德德目不断地细化，内容也不断地丰富。孔子则在此基础上创立了以“仁”为道德价值核心的思想体系。在孔子处，“仁”是一个值得追求的道德价值目标，人的思想和行为都应该以“仁”为动力和方向，“恭、宽、信、敏、惠”五者行于天下才能实现“仁”（《论语·阳货》），“居处恭，执事敬，与人忠”才是行“仁”（《论语·子路》），“食无求饱，居无求安，敏于事而慎于言”（《论语·学而》），“多闻阙疑，慎言其余……多见阙殆，慎行其余……”（《论语·为政》）也不仅仅就是为了“寡尤，寡悔”，求得朝中俸禄，最根本的目的还是行仁、体仁，达到仁德之境。孔子所言谨慎实现了对物质、功利的超越，成为以道德价值为目标的实践和努力。“我欲仁，斯仁至矣”（《论语·述而》），“欲仁而得仁”（《论语·尧曰》），“仁”是可欲可求的，也是可以实现的，但“仁的境界之实现，乃是一个无限的‘纯亦不已’的过程。故孔子不轻易许人以仁，亦不以仁与圣自居，唯是不厌不倦而无隐（无间朗现）地以

---

① 有学者认为：“殷周时期的‘德’乃‘祖先祭祀’之意，周革殷命以后，在‘天命靡常’的忧患下，周公的宗教改革并没有‘疑天’，而只是将‘德’从单纯的‘（牛羊）献祭’改良为‘（心行）献祭’。”参见程平源《对殷周之变的再探讨——以殷周“德”义变迁为线索》，《江苏社会科学》2005 年第 3 期，第 28 页。

其全幅生命为仁作见证"[1]。"仁"的境界与现实的人总是有着一定的距离，孔子为人的道德修养预设了一个价值目标，使人不断地向着这个方向努力。如何实践"仁"，不仅应该有发自内心的主观愿望，更应该不断地进行"为仁由己"（《论语·颜渊》）的修养和实践。谨慎遵守礼的道德规范和标准，"非礼勿视、非礼勿听、非礼勿言、非礼勿动"（《论语·颜渊》），严格约束、控制自我，"无终食之间违仁"（《论语·里仁》），才能实现"仁者安仁"（《论语·里仁》）、"孔颜乐处"[2]的仁德之境。孔子所言谨慎行仁，是在"仁"的道德价值引导下，凭借自身对"仁"的价值认同和向往，在"礼"的规范限制下，在思想和行为上的自我约束和克制。其超出了狭隘的"避患寡过"的功利性目的的追求，成为对道德价值坚定不移的持守。"志士仁人，无求生以害仁，有杀身以成人。"（《论语·卫灵公》）"邦有道则仕，邦无道则可卷而怀之。"（《论语·卫灵公》）仁超越生死、福祸、功名、利禄而成为至高无上的价值，对其追求和实现不仅需要人的道德自觉性，更需要人面临艰难困苦、诱惑挑战也不改其志的强大意志力。

自孔子之后，以道德价值为慎的目的和价值追求，一直是儒家慎德思想的主流。孟子以"仁""义""礼""智"为其谨慎思想的旨归，荀子"庸言必信，庸行必慎"（《荀子·不苟》），"慎习俗"（《荀子·儒效》）等谨慎行为依然以"礼义化性"为最终目的。直至宋明时期，儒生们将"人道"与"天理"合一，将儒家所倡导的道德原则和道德价值既视为天理，又视为人间法则，人之慎就是存此"天理"、克除"人欲"的修养工夫。朱熹是宋代儒家思想的集大成者，他所提出的"居敬"就是对"德"的谨慎涵养，目的是达到"穷理"的功效，将儒家所倡导的"仁义"道德内化于自身。朱熹认为，"道，则人伦日用之间所当行者也"，"德者，得也，得其道于心而不失之谓也"（《四书章句集注·论语集注》），"所谓得者，谓其行之熟，而心安于此也"（《朱子语类·卷二十三》）。"德"是"道"的内化过程，是对"道"

---

① 蔡仁厚：《中国哲学史大纲》，吉林出版集团有限责任公司2009年版，第14页。

② 周敦颐首次使用"孔颜乐处"这一词语，指孔子和颜回心中拥有高尚的道德志向，即使在困苦的生存环境中也能安贫乐道，以追求崇高的道德信念为乐。参见陈瑛《中国伦理思想》，湖南教育出版社2004年版，第359页。

有坚定的道德信念和对“道”的体认基础上，在心理和行为上形成的稳定的道德品质。这个由客观之“道”转化为人的内在之“德”的修养过程要靠“居敬”来完成。所谓“居敬”有“收敛”“谨畏”“警省”“专一”“整齐严肃”[①]之意，即专注于对“天理”和“人道”的体认，庄重严肃，对其时刻保持敬畏、慎重的心理状态，同时警惕自身欲望，收敛内心、不放纵、不骄逸。由此可见，朱熹所谓“居敬”就是“戒慎恐惧”，就是对“道”与“德”的内心敬重，对自身欲望的警觉，并在思想和行为上进行自我约束、自我克制。沈善洪与王凤贤先生认为朱熹主张“道德决定论”[②]，他高扬道德价值，将培养道德视为一切行为和修养活动的根本目的，其“谨慎持敬”的修养方法也旨在使“人欲”符合“天理”“人道”，培养人符合封建道德需要的品性。先秦儒家将道德作为谨慎的最高目的，并倡导人追求道德价值的自觉性，朱熹对其发展有过之而无不及，认为人遵守道德就符合天理，将道德提升至绝对的地位，并且认为“人之一心，天理存，则人欲亡；人欲胜，则天理灭，未有天理人欲夹杂者”（《朱子语类·卷十三》）。人心中，天理、人欲共存，“存天理、灭人欲”需要依靠“敬”与“慎”等高度自觉、全神贯注、聚精会神的修养工夫来实现。对任何一种价值极端性的倡导都会产生适得其反的效果，朱熹倡导以“天理仁义”克除人的一切私欲，道德成为窒息人性的精神牢笼和枷锁，人对道德价值的向往反而成为不得已的被动之举。所以，即使朱熹将道德作为慎的最高价值和目的，我们也很难说他的谨慎思想就达到了很高的道德境界。

“敬德修持”之慎，就是以提高道德修养和实现道德价值为根本目的的谨慎思想和谨慎行为，孔子以后的儒家学者的谨慎思想多持此观点：“仁”是孔子谨慎的最高价值，孟子以“仁义”为谨慎的最终目的，荀子则以“礼义”作为谨慎的指导原则，朱熹谨慎更是因为信守“仁”之“天理”。他们超越了谨慎的功利性目的，谨慎不是避免灾祸、保存自我的手段，而是进行道德修养的一种方法。谨慎也不是面临危机

---

① 对于朱熹“居敬”之意，学者已达成共识。参见陈瑛《中国伦理思想》，湖南教育出版社 2004 年版，第 382 页；陈来《宋明理学》，辽宁教育出版社 1991 年版，第 179 页。

② 沈善洪、王凤贤：《中国伦理思想史》（中），人民出版社 2005 年版，第 373 页。

和困苦的被动反应，而是具有强烈的“向善”“敬德”愿望的自觉的道德活动。因“敬德”而谨慎的道德主体通常都具有执着的道德信念，不会因环境和个人私欲而随意改变。孔子，“无终食之间违仁，造次必于是，颠沛必于是”（《论语·里仁》）；孟子，“舍生而取义”（《孟子·告子上》）；荀子，“可以有势辱，不可以有义辱”（《荀子·正论》）；周敦颐以“仁义中正”为“人极”[①]；朱熹“不顾利害，只看天理”（《朱子语类·卷二十七》）。利禄、荣誉、权势、困苦、灾难、祸患置于前，仍以“仁义”为尚，任何因素都无法动摇他们对道德价值的坚定，谨慎由此而成为一种极为稳定的道德品质。

（三）慎独至善之慎

慎独至善之慎不仅以道德价值为谨慎的目的，而且追求达到“至善”的境界，在慎独的过程中不需要任何外在规范的制约，完全依靠人内心的道德自律，人在慎独的过程中有高度的道德自觉性。慎独不仅是儒家所倡导的道德修养方法，也是儒家所追求的人格修养所要达到的最高道德境界。荀子重“慎”，不仅将“慎”作为重要的修养方法，也将“慎独”视为道德修养所期许达到的境界。荀子将“诚”作为“慎独”的前提，将其内容具体为“仁”与“义”，并将“慎独”之“诚”提升至“天德”之位。“慎独”则是对“天德”由内至外的显现。“君子养心莫善于诚，致诚则无它事矣，唯仁之为守，唯义之为行。诚心守仁则形，形则神，神则能化矣；诚心行义则理，理则明，明则能变矣。变化代兴，谓之天德。”（《荀子·不苟》）唯有诚于仁义，真诚的守护仁义，并在行为中践行仁义，才能透彻天道运行之理，才能与天同德。“君子至德，嘿然而喻，未施而亲，不怒而威。夫此顺命，以慎其独者也。”（《荀子·不苟》）能实现“天德”、顺从天命，就是达到了“慎独”的修养境界。由此可知，慎独的修养境界是依靠人对“天命”“天德”的真诚体验来实现的，没有对“仁”与“义”的内心之诚也就不可能“慎独”。“善之为道者，不诚则不独，不独则不形，不形则虽作于心，见于色，出于言，民犹若未从也，虽从必疑。”（《荀子·不苟》）

---

① （北宋）周敦颐：《太极图说》，上海古籍出版社1992年版，第10页。

王先谦将“诚”解释为“诚实”，将“独”解释为“专一”，即“内心不诚，就不能专一于内，不能专一则不能形见于外”①。荀子“慎独”与慎独的一般性解释有所不同，其强调谨慎行为的内心真诚、真实感，而不是着力解释在什么情形下应该慎独的问题，虽然荀子强调外在“礼义之统”对人的规范性作用，但也更加强调人在“慎独”过程中的道德自觉性。

“慎独”思想的进一步丰富和完善还在于《礼记》中的《大学》篇与《中庸》篇。《礼记·大学》有言：“所谓诚其意者：毋自欺也。如恶恶臭，如好好色，此之谓自谦。故君子必慎其独也！小人闲居为不善，无所不至，见君子而后厌然，掩其不善，而著其善。人之视己，如见其肺肝然，则何益矣。此谓诚于中，形于外，故君子必慎其独也。”《大学》所言“慎独”的依据是自己的良知，即不欺骗自己，使自身的善性表现出来，不昧着良心做事。此时，外在的道德规范已完全内化于人自身，人本有的良知便成为人自身的道德法则。“慎独”的处境是在人独处的时候，也就是没有外在约束和监督的情况下，依然能够不做违背道德的事。《大学》中的慎独思想以“最高的善”“最大的德”② 即“至善”为道德境界，以内心的良知为自我约束的手段。兼具这两个要素，使“慎独”之慎超越了被动的、功利的、严格遵守外在道德规范的谨慎而进入了更高水平的道德境界。

《礼记·中庸》对“慎独”的阐述是：“天命之谓性，率性之谓道，修道之谓教。道也者，不可须臾离也，可离非道也。是故君子戒慎乎其所不睹，恐惧乎其所不闻。莫见乎隐，莫显乎微，故君子慎其独也。喜怒哀乐之未发，谓之中；发而皆中节，谓之和。中也者，天下之大本也；和也者，天下之达道也。”《大学》奠定了“慎独”作为修养境界的基本论调，《中庸》则更加具有实践性，解决了人如何通过“慎独”达到“至善”之境的问题，即究竟如何“慎”的问题。《中庸》所谓“道”是达致“至善”之境的必要条件，“慎独”应该始终不离“道”，

---

① （清）王先谦：《荀子集释》（上），沈啸寰、王星贤点校，中华书局 1988 年版，第 47 页。

② 米继军：《“慎独之学”解析——以先秦儒家经典文献为文本》，《社会科学战线》2007 年第 2 期，第 289 页。

此“道”便是“中庸”之道。朱熹有言：“喜怒哀乐，情也。其未发，则性也，无所偏倚，故谓之中。发之中节，情之正也，无所乖戾，故谓之和。”（《四书章句集注·中庸章句》）所谓“中庸”就是对人的情感和欲望进行限制和约束，使其处于适宜的状态。“慎独”则是始终不离“中庸”之道，无论在“隐”还是“微”[①]，都能做到“无愧于屋漏”（《礼记·中庸》），“不欺于暗室”[②]，严格约束自己。《大学》《中庸》都言及谨慎，二者都以形成“至善”之境为道德努力的方向，并主张将谨慎独处作为具体的修养方法。前者更加强调真诚不欺，依良心而为；后者则注重自我控制，遵守中道。侧重点虽有不同，但其根本都是主张“慎其心”“慎其意”[③] 对“慎独至善之慎”的内涵进行了深刻而全面的阐述。后世儒者对“慎独”思想也都是围绕这一点进行阐发和诠释的。

在儒家思想体系中，“慎独”有广狭双层含义。狭义的“慎独”指“慎其独处之所为”，即在独处时谨慎自己的思想与行为。广义的“慎独”是“慎其无人监督之所为”，即有人没人一个样，人前人后一个样[④]。二者都是将人的行为作为人谨慎的对象，朱熹则进一步地阐述了“慎独”的深义，“独者，人所不知而已所独知之地也”（《四书章句集注·大学章句》），“如与众人对坐，自心中发一念，或正或不正，此亦是独处”（《朱子语类·卷六十二》）。“独”不仅是指无他人而独自一人的外在环境，还指他人不能察知、唯有自己能够了解的内心深处。由此“慎独”由偏向于行为的自律自制而转至内心的自我约束。“幽暗之中，细微之事，迹虽未形而几则已动，人虽不知而已独知之……是以君子既常戒惧，而于此尤加谨焉，所以遏人俗于将萌，而不使其滋长于隐微之中。”（《四书章句集注·中庸章句》）此时的谨慎是警惕可能萌发

① 吕耀怀先生认为“慎于微”的“微”并非“细微”之意，“微”与“隐”同为“隐匿”之意，都是指没有人监督、不为人所知的情形。参见吕耀怀《道德单元》，湖南人民出版社 2008 年版，第 88 页。

② 王叔岷：《刘子集证》，中华书局 2007 年版，第 51 页。

③ 鲁芳：《道德的心灵之根——儒家“诚”论研究》，湖南师范大学出版社 2004 年版，第 128 页。

④ 参见张世友《传统“慎独”道德精神及其现代价值》，《齐鲁学刊》2004 年第 5 期，第 28 页。

于人内心的恶念，将其遏止在未产生之前，时刻对内心意念进行检省和约束。外在行为和内心意念并非始终一致，有善举的人也并不一定就达到了“至善”之境。唯有内外一致、表里如一，内心的善念通过外在行为表现出来，才可以说是善的，朱熹的“慎独”思想从根源上寻找到“至善”之境的途径，从恶念的发生处警惕、谨慎、自省、自制，杜绝恶念、恶行产生的根源。由此，“慎独”完全依靠道德主体自身的道德自觉性，摒除一切功利性因素，一心向善，便可至“慎独至善”之境。

明儒刘宗周也十分重视“慎独”说，将“独”作为道德价值，并将其本体化，而“慎独”则是达致“独”之境的修养工夫。“‘喜怒哀乐之未发谓之中’，此独体也，亦隐且微矣。及夫发皆中节，而中即是和……未发而常发，此独之所以妙也。中为天下之大本，非即所谓‘天命之性’乎？”（《刘宗周全集·中庸首章说》）[①] 宗周所谓“独”不同于朱熹的“人所不知而己所独知之地”的“独”之境，而是作为“天地之本”“人心之本”的“独”之体，“独”就是“未发之中”，也是人的天命之性。“说工夫只说个慎独，独即中体，得慎独，则发皆中节，天地万物在其中矣。”（《刘宗周全集·学言上》）[②]“慎独”则是获得“独”体、“中”体的功夫实践，唯有慎独能体认“天地之本”，能达致“中”“独”之境界。由此宗周将“慎独”视为最重要、最根本的修养功夫即“独之外别无本体，慎独之外别无工夫”（《蕺山学案·天命章说》）[③]。宗周“慎独”首先在“诚意”，“意就是好善恶恶的本始意向，诚意就是保证这个意向不受影响”[④]；“意”是内在于人心的善性，“诚意”就是“向善”，就是在“慎独”过程中有“向善”的愿望和道德自觉性。“慎独”还在于“主敬”和“改过”，“自得全然是个敬体，无时不戒慎，无时不恐惧，则此心纯乎天理，无一毫人欲之

① （明）刘宗周：《刘宗周全集》（第二册），浙江古籍出版社 2007 年版，第 229—230 页。

② 同上书，第 382 页。

③ （明）黄宗羲：《明儒学案》（下），沈芝盈点校，中华书局 2008 年版，第 1583 页。

④ 陈来：《宋明理学》，辽宁教育出版社 1992 年版，第 406 页。

私”（《刘宗周全集·会录》）[①]。“时时知过、时时改过。”（《刘宗周全集·人谱·改过说一》）[②] 诚敬于“独”之本体，全部精力都集中于此，并时刻检省自身，随时知过、改过。宗周“慎独”说不再局限于自我约束的功夫功用，也不仅仅是一种道德修养方法，“慎独”的修养功用在于“立大本”，实现尽性知天、达于至善的修养境界。其“慎独”体系，给“至善”寻找到了更为本体性的依据，实现本体性的“至善”更需要人的主观努力和道德自觉。

“一般来说，从至恶到行善有四个次第：惩戒、羞愧、自省和内疚以及率性。率性即是自发的善。因此，这四个次第是一个由他律向自发转化的过程……其中惩戒是以法律和规则的手段对……‘小人’的行为进行控制；羞愧是通过舆论起作用……自省和内疚则是一种自我监控和自我惩罚，也就是‘戒慎恐惧’；而率性则是‘天命之性’……惩戒是强性他律，羞愧是弱性他律，自省和内疚是自律，率性是自发。”[③]“慎独”完全脱离了他人的监督和制度、规范的约束，是道德主体在内心中为自己设立道德法则，通过高度的道德自觉而进行的具有较高自律程度的自控和自讼。“慎独”之“慎”之所以不同于一般的自律之慎，就在于其高度强调“诚于中，形于外”（《礼记·大学》），能够使人真正地做到内外一致、表里如一，善行是真诚、仁善内心的自觉体现。所以“慎独”之“慎”相对于“敬德修持”之“慎”更加具有道德觉悟和主动性，达到了更高的道德境界。

四　慎德与孝、仁、勇

慎德在传统文化中，与其他德目关系密切。“孝”是“中国传统文化的始基与诸德之首”[④]，“‘仁义礼智信’是中华传统美德的核心范

---

① （明）刘宗周：《刘宗周全集》（第二册），浙江古籍出版社 2007 年版，第 501 页。

② 同上书，第 17 页。

③ 何俊、尹晓宁：《刘宗周与蕺山学派》，中国人民大学出版社 2009 年版，第 37 页。

④ 肖群忠：《中国道德智慧十五讲》，北京大学出版社 2008 年版，第 184 页。

畴”[①]，“勇”也是儒家非常重视的美德之一，并与“智”“仁”并列为三达德。探讨慎与它们的异同关系，有利于将慎德还原于儒家的道德规范体系，更好地理解慎德的内涵，对实现慎德有深刻的指导意义。本节只选取“孝”“仁”“勇”三个具有代表性的传统德目，与慎德进行比较分析。

（一）慎与孝

《孝经》中有言：“孝，德之本也。”（《开宗明义章》）孝是一切道德的根本。“百善孝为先”，“孝是中国传统伦理体系的起点”，“是中国文化的核心和基本精神”[②]。“慎德”能成为中国传统社会的美德，必然也贯彻着中国文化的精神实质，其产生和实践与传统孝道是分不开的，二者的关系主要有以下三点。

第一，孝为元德，慎是衍生道德。孝道具有根源性、原发性、综合性，[③]“孝”是中国文化的独有概念。而“慎”却非中国独有，西方的道德体系中也有“慎”的概念，不同就在于西方之“慎”更加强调理智因素，而中国之“慎”则更注重其伦理情感因素。“慎”正是与中国文化相结合、与中国独有的精神元素“孝”相结合，才具有了中国道德的底色。对于二者在中国道德体系中的地位主要通过以下两个方面来考察。从其产生的自然原因来看，孝源于人类相亲的积极情感，慎则源于畏患避祸的消极情感。《诗经·小雅·蓼莪》中有言：“蓼蓼者莪，匪莪伊蒿，哀哀父母，生我劬劳。哀哀父母，生我劳瘁。”“父兮生我，母兮鞠我。拊我蓄我，长我育我，顾我复我，出入腹我。欲报之德，昊天罔极。”孝是对父母的热爱、依恋之情，感念父母生养、教育自己而付出的劳苦，并欲报父母之恩的愿望以及在行为上的表现。慎则是因为对强大力量的畏惧而产生的自制和收敛，一旦人的智慧增长、力量强大，或者实现了避免祸患的目的，畏惧的心理就会减弱，谨慎的行为也会消失。产生孝的情感是积极的、稳定的，并有一种强大的力量维护人

① 荆惠民：《中国人的美德——仁义礼智信》，中国人民大学出版社 2006 年版，第 1 页。

② 肖群忠：《孝与中国文化》，人民出版社 2001 年版，第 147—148 页。

③ 肖群忠：《中国道德智慧十五讲》，北京大学出版社 2008 年版，第 184 页。

与人之间的亲近和团结。产生慎的情感则是消极的、被动的、不稳定的。“慎德”之所以去除了它的功利性特点就是因为其贯彻了“孝”的情感力量，成为由孝衍生出的敬重亲长、谨慎孝顺的孝亲品质。从二者形成的社会原因来看，中国古代由家庭来组织社会，国就是家，天下为一家，所以作为组织家庭秩序的主要道德规范“孝”极为受重视。“孝”主张尊亲敬长，强调家庭之内的尊卑秩序，更加符合周时期的宗法等级制度。由此，“孝”走出家庭的局限而得以泛化，成为包含“睦族”“忠君”“敬老”“尊长”等内容的普遍性的社会道德规范。“慎”与“孝”有着同样的社会历史背景，存在于具有尊卑、长幼差异的伦理秩序内，人之所以谨慎，目的就在于实现个体在人伦秩序中安身立命，就必然同中国传统社会的主要价值精神“孝”相贯通，尊尊、敬长，谨慎、依顺，成为符合孝道要求的道德规范。

第二，对祖先的孝道思想是慎的产生根源。“孝”与“慎”的关系应当从原始信仰中寻找根源，“谨慎”最初产生于对祖先神的信仰。殷商时期，人的信仰和崇拜是极其复杂的，不仅有自然崇拜、帝神崇拜还有祖先崇拜①。殷人认为自然、天神、祖先等一切人所不知的事物都具有极其强大而神秘的力量，可以给人带来福祸和灾祥。“祖先神”在殷人的宗教信仰中也占据十分重要的地位，虽然他们认为“帝神”是至上神，但“祖先神”才更接近于每个人，是后世子孙的保护者；并且“祖先神”具有与至上神沟通和交流的能力，可以影响到灾祥的降临。②所以“在宗教发展的最初阶段，原始民族盛行一种习惯，即在从事任何重大事情之前必须节制自然欲望，采取禁食、减少睡眠、克制性欲等方法”③。殷人在原始祭祀的过程中，克制自身，以期博得自然神、帝神和祖先神的愉悦，这便是最原始的谨慎思想，如肖群忠先生所说：

---

① 张锡勤：《中国伦理道德变迁史稿》（上卷），人民出版社 2008 年版，第 24 页。

② 陈来先生对此论述道：“殷人作为祖先来崇拜的先王先公可上宾于帝廷或帝所，转达人间对上帝的请求。”参见陈来《古代宗教与伦理》，生活·读书·新知三联书店 2009 年版，第 111 页。张锡勤先生也对此进行佐证：“殷人把祖先神看做是自己向帝神提出要求和表达敬畏，同时又展现帝神回应的媒介。”参见张锡勤《中国伦理道德变迁史稿》（上卷），人民出版社 2008 年版，第 58 页。

③ 陈来：《古代宗教与伦理》，生活·读书·新知三联书店 2009 年版，第 130 页。

"孝初始是从尊祖祭祖的宗教情怀中发展出来的。"① 慎也是从对祖先的敬畏中产生，并在祖先祭祀的仪式中不断地强化的谨慎意识。所以，可以说慎与孝是相伴而生的。

西周社会，随着人文意识的觉醒、道德观念的产生，西周人虽然同样注重对祖先的祭祀之礼，但人的精神自觉不断提升，人对祖先不仅仅是畏惧，谨慎也不完全是被动的，人开始认识到祖先与自己一脉相承，并对成就自我、福佑自我的祖先产生了浓厚的情感，即"孝子情怀"。"君子反古复始，不忘其所生也；是以致其敬，发其情，竭力从事，以报其亲，不敢弗尽也。"（《孝经·圣治章》）在对祖先行祭祀之礼的过程中"恪慎克孝"（《尚书·周书·微子之命》）、"慎终追远"，在对已逝亲族进行丧祭之时，谨慎遵守"礼"，追念先祖恩情。严格约束自身，绝不违反祖先意愿，辱没祖先声名，并积极努力，使祖先的业绩发扬光大。人们在对祖先的孝思、孝行和行祭祀之礼的过程中不敢僭越祖先之礼，更不敢对自身骄奢放纵，因为对祖先的崇敬形成了自我约束，谨慎由此成为道德自觉。

第三，"慎"之"敬"是孝亲之德，"慎"之"顺"是孝亲之行。"孝的一般含义是善事父母"②，这是西周至春秋战国时期所发生的转变，孝不仅是对已逝祖先的追思，更加强调对现世父母的道德义务。慎依然与孝相伴不离，进而成为"善事父母"的思想和行为。"爱、敬、忠、顺是孝道的伦理精神本质"，"爱为体，忠为用，敬为德，顺为行"③。"敬"与"顺"也是"慎"的重要内涵，不同就在于慎之敬和顺是基于普遍性尊卑长幼关系的一般性的伦理规范，是随着"孝"由家推至国与天下而形成的普遍性的伦理规范。可以说，在"孝"的伦理精神中本身就暗含着"慎"的思想，"慎"也是孝思、孝行的体现，是尽孝的方式、方法。"敬是基于伦理上下关系而产生的一种道德理性和意志。"④"孝敬"作为道德理性就是对父母与子女温情脉脉的亲子关系和尊卑、长幼的地位差异有清醒的认识，作为道德意志则是严格要求

① 肖群忠：《中国道德智慧十五讲》，北京大学出版社 2008 年版，第 184 页。
② 肖群忠：《孝与中国文化》，人民出版社 2001 年版，第 10 页。
③ 同上书，第 247、250 页。
④ 肖群忠：《中国道德智慧十五讲》，北京大学出版社 2008 年版，第 189 页。

自己，不僭越尊卑、长幼秩序，和谐父母、子女亲情的道德努力。在侍奉父母的过程中，“冬温而夏凊，昏定而晨省”（《礼记·曲礼上》），“亲有疾，饮药，子先尝之”（《礼记·曲礼上》）。谨慎细心，无微不至“为人子者，出必告，反必面；所施必有常，所习必有业”（《礼记·曲礼上》）；日常言行皆谨慎，不因为自己的疏忽而使父母伤心、伤体，“父母既没，慎行其身，不遗父母恶名，可谓能尽终矣”（《礼记·祭义》）。父母去世后，更应该谨慎克制，不违父母遗愿，不辱父母声名。子女对父母敬重必然在行为上表现为依顺、服从，即“孝顺”。“慎”有“顺”意，即依顺父母，谨慎小心，不忤逆父母志愿。孔子在《论语·为政》中说孝就是“无违”，谨慎自身言行，不违背父祖意志。即使父母有过，也要“见父之执，不谓进不敢进，不谓退不敢退；不问，不敢对”（《礼记·曲礼上》），“达善而不敢争辩”（《大戴礼记·曾子事父母》），“下气怡色柔声以谏”（《礼记·内则》），委婉谏诤、谨慎小心、不敢顶撞。由上可知，孝的精神实质“敬”与“顺”就是“慎”，是“慎”作为一种道德原则和规范在亲子之维的体现，慎德在尽孝、行孝的过程中也不断地强化，与中国孝道相结合，使慎具有了中国文化的特色，成为中国独有的精神元素。

（二）慎与仁

在儒家的道德体系内，仁不仅是具体德目，也是全德之名。慎德同样也兼具德目和“全德”的双重身份，不仅具有实质道德内容，同样也表现出涵盖多种道德内涵的“全德”特点。二者在两个层面上既有不同，又紧密联系，具体表现在以下四个方面。

第一，慎作为具体道德，在道德体系中仁主慎辅。慎德产生之初，依存于仁而存在。“在周初，仁与德属于同一层次的概念，在同一个意义上使用，二者可以互相置换。”①《尚书》中多处出现“慎德”说，如“弗慎厥德，虽悔可追”（《尚书·太甲上》），“明王慎德，西夷咸宾”（《尚书·周书·旅獒》），可见，周初所说的“慎德”就是“慎仁”，此时的“慎”是对待仁德的一种方式，慎是依存于仁的。孔子发扬仁

---

① 张锡勤：《中国伦理道德变迁史稿》（上卷），人民出版社2008年版，第107页。

德思想，开创了仁学。在孔子的道德体系中慎与其他具体道德一样由仁来统摄[①]，并且体现和贯彻了仁的基本精神和原则，仁是慎德产生的道德之根、价值之源。[②]《论语》中，孔子针对其弟子问仁，没有确定、统一的答案，而修养、居处、为政、孝亲、交友、行事、言语等谨慎却是其诠释“仁德”的重要组成部分。仁是内含于慎德之中的道德精神，是慎德实践追求的道德价值，而慎则是实现仁的途径和手段。孔子对慎与仁关系的定位，确立了二者在儒家道德体系中的不同地位。《礼记·儒行》中所言：“温良者，仁之本也；敬慎者，仁之地也；宽裕者，仁之作也；孙接者，仁之能也；礼节者，仁之貌也……”“敬慎”同温和善良、恭敬、宽容、谦逊等道德一样都以仁为主体，践履并体现了仁的精神。同时，它又像大地一样承载着仁，更加呈现出仁主慎辅的特点。

第二，慎作为“全德”，表现出仁显慎隐的特点。“仁”是孔子伦理思想的核心，孔子对“仁”的创见在于其不仅仅具有道德实质内容，而且还具有“全德”之称，其精神贯彻于具体道德中，并能“统摄、涵盖诸德”[③]。程颢、程颐也对“仁”在传统道德结构中的“全德”之位予以肯定，“仁者，全体；四者（义礼智信），四支”（《河南程氏遗书》卷二）；朱熹也提出“仁者，本心之全德”（《论语集注·雍也》）。可见“仁”作为全德在儒家伦理思想中已经尽显，并不断地得到论证和发展。在儒家思想体系中，“慎德”除了具有其特定道德内容，还拥有着与“仁德”极为相似的“全德”特点，虽然未得到思想家们的提炼和彰显，但却作为一种后台的、隐性的“全德”而存在着。对人真诚，尊重、理解、关爱他人，不伤害他人，展现了仁爱的精神实质；克制自己的缺点，不骄逸、放纵自己，严格遵守道义准则，是“义德”内涵的体现；遵守伦理秩序，安守本分，尽职尽责，又体现了“礼”的精神；对是非、善恶的清晰明辨，对自己、他人的正确认识，对事态

---

① 蔡仁厚先生认为：一切德目，皆是“仁”对应于“人、事、物”而显现的德性。谨慎之德就是“仁”对应于生活事物而显现的。参见蔡仁厚《中国哲学史大纲》，吉林出版集团有限责任公司 2009 年版，第 13 页。

② 对此问题学界已有定论，张锡勤认为仁是诸德之源，参见张锡勤《中国传统道德举要》，黑龙江大学出版社 2009 年版，第 152 页。蔡仁厚认为“仁乃道德之根，价值之源”。参见蔡仁厚《中国哲学史大纲》，吉林出版集团有限责任公司 2009 年版，第 13 页。

③ 肖群忠：《中国道德智慧十五讲》，北京大学出版社 2008 年版，第 228 页。

发展的理性预见，对所做事情认真细致，体现的是智慧的德性特点。由此而言，“慎德”虽不具有“仁德”那种高于诸德的地位，但也涵盖了多种道德内涵，可以成为具有广泛道德内容，在传统道德结构内部隐而未现，但又发挥着重要作用的“全德”。

第三，仁重道德情感，慎重道德理性。从产生根源而言，仁生于孝亲，慎生于敬畏。仁作为一种道德情感，其产生的根源在于孝亲之爱。先天的血缘关系和后天父母对子女的养育，使父母和子女之间产生了爱的情感，而后这种爱的情感由爱亲而至爱人，成为人与人之间相处的普遍道德原则。由于自然的亲爱之情，人们在行仁的过程中拥有了一种无所畏惧的力量，可以不过多地考虑利弊得失。然而慎则是人们在不可知、不确定、复杂的环境下所产生的畏惧心理，这种畏惧的心理使人们冷静地看待外在世界，理智地控制自身情欲。

从精神实质而言，仁是“爱人”“同情”“忠恕”的道德情感，慎是忧患、冷静、认真的道德理性。仁首先是“爱人”之心，是人与人之间的亲爱之情，“是对他人的喜欢、亲近、需要、依恋、关心和爱护”[①]。仁还是“同情”之感，是人类共通的恻隐之心、不忍人之心，是对他人痛苦的关切和体贴，是最基本、最起码、最普通的道德情感。仁更是“忠恕”之道，“恕”为将心比心，宽容谅解，“忠”为尽己之心，助人利人。仁偏重于人与人之间心的互通，是宝贵的道德情感。而谨慎则表现为：行为前多方面地考虑事情的发展趋势，对可能发生的危险保持警觉和忧惧；行为决断时沉着应对、冷静选择；行为过程中严肃、认真。由此可见，仁偏重于人与人之间相互体贴、关爱的道德情感，而慎则偏重于警惕忧惧、审慎思考、冷静认真的道德智慧。

第四，仁是慎的情感基础，慎是仁的实现方式。儒家以“爱”释“仁”，“仁者，爱人”（《孟子·离娄下》）。仁爱是一种对他人喜欢、爱护、珍惜、依恋的情感。这种爱的情感使人们之间谨慎对待、彼此呵护、助人利人。可以说，人因爱而生慎，爱之愈深则待之愈慎，人因为有仁爱才谨慎，因谨慎而更好地体仁、行仁。

---

① 肖群忠：《中国道德智慧十五讲》，北京大学出版社2008年版，第230页。

儒家的仁爱首先体现为爱亲之爱，其中最基本的爱就是对父母的爱，即孝亲之爱。先天的血缘关系和后天的抚养教育培养了子女对父母真诚、热烈的亲爱之情。以这种诚挚的亲情之爱为动力，子女对父母谨慎行孝，谨守孝礼，时刻检省自我，不改父志，无改于父道。儒家的仁爱还具有爱人类意识，孔子讲“泛爱众”（《论语·学而》），董仲舒说“仁者所以爱人类”（《春秋繁露·必仁且知》），韩愈说“博爱之谓仁”（《韩昌黎集·原道》）[①]。儒家的仁爱精神超出亲亲的范围而成为人际交往的普遍情感。爱他人才能尊敬、重视、关心他人，真诚待人。有爱心的人才会对人以慎，才会“不失色于人，不失口于人，不失足于人”（《王文公文集·杂著·礼乐论》），人与人之间的普遍情感之爱也是促使人谨慎之德形成的情感力量。

同情是人与人共通的情感体验，是对他人痛苦的感同身受、不忍、体恤、悲悯和关切的情感，是人之为人最起码、最基本的道德情感。如果说儒家的“仁爱”之心还具有亲疏远近之别，而“同情”之感则是最普遍的人性情感，这种“同情”的情感对慎德的形成具有双重意义。从直接意义而言，同情使人警惕自我，避免使自己遭遇相同的境况。同情首先是一种“通感”，是想象着自己处于与承受痛苦者同样境地时的感觉和体验。[②] 正如孟子所说，人见孺子入井先有“怵惕”之感，后有“恻隐”之心。[③] 所以怵惕、警惕应该是同情的最直接感受，这种感受使人“终日乾乾，夕惕若厉”（《易经·乾卦》），朱熹注解其为“至夕犹检点而惕然恐惧。盖凡所以如此者，皆所以进德修业耳”（《朱子语类·卷六十八·易四》）。同情的共通感使人更加兢惕、谨慎，时刻检点自身，避免重蹈他人覆辙。从间接意义而言，同情使人谨慎自身，不因一己之言行而伤害他人。同情即孟子所言“恻隐之心”“不忍人之心”，戴震将这种恻隐同情之心释为人之常情，从而使人反求诸己、时

---

① （唐）韩愈：《韩昌黎集》，商务印书馆 1958 年版，第 60 页。

② 亚当·斯密认为“同情”，并不是我们通常所理解的狭义的对他人的怜爱和体贴，而接近于心理学中的“通感”，即“通过想象，我们设身处地地想自己忍受着所有同样的痛苦”。参见［英］亚当·斯密《道德情操论》，商务印书馆 1997 年版，第 6 页。

③ 《孟子·公孙丑》有言：“所以谓人皆有不忍人之心者，今人乍见孺子将入于井，皆有怵惕恻隐之心……”

刻检省、节制自身、谨慎言行。[①] 司马牛向孔子请教如何行仁，孔子告之曰："仁者，其言也讱。"（《论语·颜渊》）有仁德的人，说话谨慎。之所以说话谨慎是因为具有"与人善言，暖于布帛；伤人以言，深于矛戟"（《荀子·荣辱》）的同情之感。

"忠恕"是慎德的内心情感法则，"忠"为"己欲立而立人，己欲达而达人"（《论语·雍也》），"恕"为"己所不欲，勿施于人"（《论语·颜渊》）。是否尽己利人、推己及人的标准和法度是"心"，以己心度人心，将人心比己心。慎作为与人相处的方法也时刻在"己心"与"人心"之间进行考量，并将其作为约束自身行为的法则。"忠恕"使谨慎有度，"己之所欲"与"人之所欲"并非完全等同，"己所不欲"与"人所不欲"也并非完全一致，具有"慎德"的人会在四者中以"己心"与"人心"为度量仔细权衡、认真分析、谨慎适宜，既不将"己之所欲"强加于人，也不将"己所不欲"转嫁他人。"忠恕"使谨慎有则，《礼记·大学》所言"絜矩之道"就是以"己之所恶"为参照衡量自己的待人方式，具有慎德的人会以己欲与己恶为依据权衡什么事该做，什么事不该做，以忠恕为谨慎行为的规范和法则。

（三）慎与勇

儒家非常重视"勇"，《论语》和《礼记·中庸》都将"勇"与"智""仁"并称为"三达德"。智是道德智慧，仁是道德情感，勇是道德意志，只有三者兼具，才能实现"达德"。所以将慎作为一个德目，探讨慎与勇的关系，对于理解慎德的内涵有重要的意义。大致说来，慎与勇的关系有以下三点。

第一，慎重于道德节制，勇偏于道德力量[②]。慎与勇同属道德意志范畴，但二者努力的方向是不同的。慎主要是在收敛欲望、控制情绪、约束行为、检省错误等方面进行的；而"勇则是人们面对危险、艰险、进犯、胁迫、压力、阻力而不胆怯、退缩、回避、妥协、气馁，敢于承

---

① 戴震在其《孟子字义疏证·中庸补注》中如此阐述："人之常情，于人易于求尽，以此反诸身，则尽道矣。"参见（清）戴震《孟子字义疏证》，何文光整理，中华书局1982年版，第197页。

② 林贵长：《论勇德》，《齐鲁学刊》2007年第1期，第28页。

担义务责任”[①] 的道德力量。慎作为道德意志偏于向内用力，勇则偏于向外用力。面对危机和困境，慎因为“不敢”而约束自我，勇因为“不惧”而勇往直前。慎产生于忧患意识，内心中有担心和顾虑，所以才“不敢暴虎，不敢冯河”，“战战兢兢”（《诗经·小雅·节南山之什》），“小心翼翼”（《诗经·大雅·文王之什》），由此才“言不妄发”[②]，事不轻举，检点，修饬，抑其躁心，控制自我。勇因为“不恐”（贾谊：《新书·道术》）[③]、“不惧”（《论语·子罕》）而使内心充满了勇气和力量，潜能得以爆发，敢于赴汤蹈火，勇于“暴虎冯河，死而无悔”（《论语·述而》）。然而，慎不是因为畏惧一味地退缩、怯懦和逃避，而是“临事而惧，好谋而成”（《论语·述而》），通过对自身情欲的控制，达到冷静认真、反复思考、正确选择、恰当决断的目的，避免鲁莽、草率造成不必要的过失，言行、处事皆恰到好处。“勇”也不是肆无忌惮、恣意妄为。“‘勇’根据目标指向也可分为自向的和他向的两个方面，‘自向’的勇敢区别于优柔寡断，患得患失……‘他向’的勇敢是对符合正义之行为的果断行为和对社会责任的自觉承担。”[④]能够战胜自己本身就是“勇”，正视自己的内心，认识自己的缺点，克己自胜需要更大的勇气和力量。“自向”之勇就是自我节制，与慎又有着同一的内涵。

第二，慎与勇皆以礼义为规范导向。孔子曰“慎而无礼则葸”（《论语·泰伯》），荀子有言：“明于从不从之义……以慎行之，则可谓大孝矣。”（《荀子·子道》）“慎”由礼来规范，以义为道德导向才能成为美德。同样，勇被视为美德，也是有条件的，只有符合礼义的勇才是美德之勇。《国语·周语下》有言：“言勇必及制。”“轻死以行礼谓之勇，诛暴不避强谓之力。”（《晏子春秋·内篇·谏诤》）不及勇为懦弱，过于勇为鲁莽，“勇”是懦弱与鲁莽的中道。究竟什么样的勇是符合中道的，是恰当适宜的，这就需要从礼制规范中去寻找依据，礼为勇

① 张锡勤：《中国传统道德举要》，黑龙江大学出版社 2009 年版，第 173 页。

② （明）薛瑄：《薛文清公读书录》（二），中华书局 1985 年版，第 138 页。

③ 阎振益、钟夏撰：《新书校注》，中华书局 2000 年版，第 304 页。

④ 金香花：《“论勇”——以孔子与亚里士多德为思想资源》，《理论月刊》2009 年第 9 期，第 52 页。

提供了具体的原则和标准，“恶勇而无礼”（《论语·阳货》），放肆骄横、肆无忌惮、不合礼制则无所谓勇。“义”相对于“礼”而言是更高层次的价值原则，以实现义为目的的“义勇”才是真勇。“有义之谓勇敢，故所贵于勇敢者，贵其能以立义也。”（《礼记·聘义》）“君子有勇而无义为乱，小人有勇而无义为盗。”（《论语·阳货》）因逞强好胜、追名逐利、私人斗狠而无所畏惧、敢打敢拼的行为不是勇，只有为了道义去拼争、为了道义舍生忘死的行为才是勇。慎与勇共同存在于儒家的道德体系中，它们所具有的道德性都不是自足的，需要同其他道德德目结合，贯彻儒家道德的基本精神，才能成为美德。而保证慎德与勇德得以成立，与骄逸、放纵、鲁莽、野蛮、懦弱、保守等反德区分开来的是礼义，所以礼与义是慎与勇成为美德的本质性规定。

第三，慎是勇的理性前提，勇是慎的力量保证。由前文可知，慎是由于“不敢”而产生的道德节制，勇是由于“不惧”而爆发的道德力量。谨慎的人时怀忧患警惕之心，可以预见到事态发展趋势，采取积极的措施防患于未然；遭遇危机时可以遇事不慌、不温不火、沉着冷静；处理问题时可以慎重对待、认真细密、谨慎决断；事后更能自我反省、收敛心性、戒除虚妄。所以谨慎的人思考问题、看待世界的方式是冷峻的、冷静的、智慧的。勇敢的人在行为发生前无惧无畏，行为选择时迅速决断，执行决定时坚毅有恒、不屈不挠。[①] 解决问题的方式是强烈、刚毅、热情的。逞勇的人鲁莽蛮干、草率行事，凭借一时的头脑发热而意气用事，丧失理智，做事不顾及后果，慎对于勇来说，就是一剂镇静剂。使人在冲动、躁动不安时平静心态，理性分析事态发展，认清形势，有条不紊地实施解决问题的方案。过于谨慎则会形成过多的担忧和顾虑，从而胆小怯懦、畏首畏尾，丧失前进和克服困难的信心和勇气；勇对于慎来说，就是一剂强心剂，坚定人的信念，使人不因为惧怕、担忧而左右摇摆，赋予人为了信念奋斗和努力的力量。谨慎与怯懦有着本质的不同：怯懦是“明知何者为当、何者为宜，而不敢言、不敢为”[②]；而谨慎则是对当与不当有着清楚的认识，言当言之话，为当为之事。慎

① 林贵长：《论勇德》，《齐鲁学刊》2007年第1期，第29页。
② 张锡勤：《中国传统道德举要》，黑龙江大学出版社2009年版，第229页。

成为美德是因为内含勇敢的力量，有所为有所不为，为与不为的标准就是当与不当，可以为当为之事勇往直前。真正有慎德的人，是将“慎”与“勇”合理结合的人，既拥有冷峻的智慧，又坚毅果敢，为了道义信念坚定执着、敢作敢为，有勇有谋、有智有勇。

第三章　慎德的实现机制

慎德，不仅有其内在结构，而且有其实现机制。如何实现慎德，不仅要遵守“守德”“公义”和“执中”的一般原则，更要通过个体修养和实践最终得以实现。本章选取慎德的基本原则、个体修养以及在政治领域的具体实践三个部分分别探讨何时慎、如何慎的道德原则，如何培养个体慎德，以及慎德作为政治美德的实践等问题。

一　慎德的基本原则

慎作为一种美德，广泛运用于生活的方方面面，内容丰富，但它也有自己的一些相对稳定的基本原则。儒家所提出的慎德所遵循的基本原则，就是人们在面临道德困境进行谨慎选择时所坚持的一般原则，解决了如何慎、怎样慎的问题，保证和指引慎成为美德，具体表现为“守德”原则、“公义”原则和“执中”原则。

（一）“守德”原则

在中国古代文化典籍中多次出现“慎德”说，“克慎明德”（《尚书·文侯之命》）、“慎德必躬恕”（《逸周书·程典》）、“慎厥德”（《尚书·五子之歌》）、“君子先慎乎德”（《礼记·大学》）。《国语·周语》中有言：“慎，德之守也。”廖明春经考证将“慎德”解释为“重德、宝德、贵德”①，即对“德”重视、珍重之意，可见从西周开始就将“慎”与“德”结合，在人们的宗教祭祀、政治活动、日常生

① 廖明春：《中国学术史新证》，四川大学出版社 2005 年版，第 111 页。

活中无不“慎德”。随后的儒家文化更是主张道德至上、以德为中心，“德”当之无愧应该成为“慎”的指导原则。“‘道德’是主体基于自身人性完善和社会关系完善的需要在人类现实生活中创造出来的一种文化价值观念、规范及其实践活动。”① 道德有三义——道德价值、道德规范、道德实践，它作为谨慎所坚守的原则必然也从以上三个层面体现出来。

首先，“善”，慎德认同的道德价值。李泽厚认为：“道德是个体对社会人际关系在行为上的承诺和规范。”②“承诺”便是“认同”，这种“认同”首先应该是对价值的认同，是人在认同价值指导下对自身行为所做出的期许性要求。所以道德要为人所实践应该有一种认同的价值为前提。“道德是人运用善恶观念来把握世界和把握自己的一种实践精神方式。”③ 慎之所以成为美德，就在于其对“善”价值的认同和崇敬，是在“善”的价值指导下的一种自觉的实践方式。

那么谨慎所遵从的“善”的价值究竟是什么？茅于轼先生认为“善是不可定义的”④，傅佩荣将“善”置于中国传统文化的背景下来分析，认为“善是人与人之间适当关系之实现”⑤。如梁漱溟所说，中国是伦理本位的社会，是由人们相互之间的义务关系而组成的社会。⑥所以儒家也向来都在关系中定义“善”。在孔子的思想中“仁”就是善，《论语·述而》中有言，“志于道，据于德，依于仁，游于艺”。人们的行为要以“仁”为根据，符合“仁”才是道德行为。在孟子处有发生于“恻隐”“羞恶”“辞让”“是非”四端的“仁”“义”“礼”“智”四种价值，强调个人的德性完善，就是对这四种价值的实现。荀子则认为：“凡古今天下之所谓善者，正理平治也；所为恶者，偏险悖乱也。是善恶之分也。”（《荀子·性恶》）社会的整体有序就是“善”，反之就是“恶”。三者对“善”的理解，虽侧重点不同，但都是为实现

① 肖群忠：《伦理与传统》，人民出版社 2006 年版，第 9 页。

② 李泽厚：《伦理学纲要》，人民日报出版社 2010 年版，第 20 页。

③ 肖群忠：《道德与人性》，河南人民出版社 2003 年版，第 16 页。

④ 茅于轼先生转引摩尔的观点认为善是不可定义的。参见茅于轼《中国人的道德前景》，暨南大学出版社 2008 年版，第 16 页。

⑤ 傅佩荣：《哲学与人生》，东方出版社 2005 年版，第 240 页。

⑥ 梁漱溟：《中国文化要义》，上海人民出版社 2003 年版，第 95 页。

人与人之间的适当关系而做出的努力。传统慎德在中国传统文化中孕育而生，必然以人人关系融洽为其根本目的，因此儒家所倡导的“孝”“仁”“义”“礼”“智”“信”“忠”“诚”就成为慎德所遵从的道德价值。

人又是怎样在慎德中追求“善”的价值？主要通过“好善恶恶”——善恶价值观念的确立和“止于至善”——不断追求“善”的价值两方面来实现。《礼记·大学》中有言：“所谓诚其意者，勿自欺也。如恶恶臭，如好好色……”朱熹对其作注为：“使其恶恶则如恶恶臭，好善则如好好色。”（《四书章句集注·大学章句》）并进一步说明：“好恶是情，好善恶恶是性。性中当好善，当恶恶。”（《朱子语类·卷十三·学七》）慎德将善作为其追求的价值首先应该使人分清“善”“恶”，并以“善”作为价值导向指导慎德的实现。所以荀子提出“君子耳不听淫声，目不视女色，口不出恶言，此三者，君子慎之”（《荀子·乐论》）。具有正确的善恶价值观念是人做出谨慎行为的前提。“止于至善”（《礼记·大学》）中的“止”意思是“人的目的是达到最高的善，抵达人生最完美之境，不达到极为高妙的境界就不能停止追求，即使达到好的境界也还要精益求精”①。追求“至善”的价值还必须在实践中不断地努力，正所谓“定”“静”“安”“虑”②，谨慎就是通过保持坚定的意志力，沉着冷静，不轻举妄动，深思熟虑来不断地追求“至善”的。

其次，“道”，慎德遵守的道德规范。“狭义的道德仅指道德规范和美德”③，是人们日常行为中应该遵守的规范和准则。“道”是中国哲学中的重要概念。《说文解字》中有言：“道，所行道也。从辵从首。”本义指供行走的道路。刘翔对其解释为：“道，从行从首，象人张首处于十字街口之状，以示辨明方向引道而行之意。”④ 子产首提“道”有

---

① 王岳川：《大学中庸讲演录》，广西师范大学出版社 2008 年版，第 14 页。

② 《礼记·大学》中有言：“知止而后定，定而后能静，静而后能安，安而后能虑，虑而后能得。”这是对慎德的实现过程的恰当描述。

③ 肖群忠：《中国道德智慧十五讲》，北京大学出版社 2008 年版，第 8 页。

④ 刘翔：《中国传统价值观诠释学》，华东师范大学出版社 2010 年版，第 253 页。

"天道"与"人道"之分[①]，"天道"为天道自然运行的规律，"人道"则是人所应当遵守的道理和准则。"道者，人之所共由"（《朱子语类》卷六），"道者，古今共由之理"（《朱子语类》卷十三），"道是人伦日用之间所当行者也"（《四书章句集注·论语集注》）。"道"对于人而言是具有普遍性和指向性的，每一个生活在群体中的人都应该遵守道德原则与规范。周礼是中国传统社会最早成熟的规范，"广义的礼泛指典章制度、一切社会规范，以及相应的仪式节文"[②]，是国、家、个人行动的总纲，为人们提供了应该遵守的具体规范。谨慎要成为美德，就必须符合"礼"等道德规范，如孔子所言，"慎而无礼则葸"（《论语·泰伯》），一味地谨慎，而不以道德规范为原则，也就失去了理性的指引，更不能进行自觉的自我约束，很可能导致欲望、冲动、情绪的无原则的泛滥。

道德规范最初产生于"禁忌"与"习俗"，是人们对外在神秘力量的无知，为了避免凶、祸而不得不遵守的行为规范，对这种规范的遵守源于外在力量的强制，因不得已而为之，并不具有主体自觉性。但随着人们对自然、对自身认识程度的加深，对神秘力量的关注逐渐减退，如孔子不语"怪、力、乱、神"（《论语·述而》）一样，人们开始把目光转移到人类社会，规范要求人来遵守不再是"必须"的，而是"应该"的，需要人们诉诸更多的主体自觉。至此，人们对遵守道德规范的努力——"谨慎"也从畏惧转化为人的自觉行为。正如李泽厚指出道德规范不同于法律规范，不是个体对规范的强制性的外在服从。"道德是个体内在的强制，即理性对各种个体欲求从饮食男女到各种'私利'的自觉地压倒和战胜，使行为自觉或不自觉的符合规范。理性对感性的这种自觉地、有意识地主宰、支配，构成了道德行为的个体心理特征，我称之为'理性的凝聚'。"[③] 谨慎对规范的遵守过程也是通过

① 子产，公孙侨者，是春秋时代具有远见卓识的改革、政治家。据《左传·昭公十七年》和《左传·昭公十八年》记载，子产曾与当时郑国大夫进行过天道与人道之辨的讨论："子大叔曰：'宝，以保民也。若有火，国几亡。可以救亡，子何爱焉？'子产曰：'天道远，人道迩，非所及也，何以知之？灶焉知天道？是亦多言矣，岂不或信？'遂不与，亦不复火。"

② 肖群忠：《中国道德智慧十五讲》，北京大学出版社2008年版，第262页。

③ 李泽厚：《伦理学纲要》，人民日报出版社2010年版，第20页。

“理性的凝聚”来实现的。谨慎的过程，就是不断地在理与情、理与欲之间进行平衡和取舍的过程，也是自觉地以理节情、以理制欲，不断地合于道德规范的过程，更是以道德规范为原则不断地形成道德理性的过程。

最后，“德”，慎德的道德实践过程。“道指原则，德指按照原则而实行，在生活行为上体现原则。”“道德成为一个名词，一层意义是行为的准则，一层意义是这准则在实际行为中的体现。”[①] 古文常将“德”“得”互训[②]，旨在说明“德”是对“道”的体认并有所得，这一过程的真正实现还是要通过道德实践来实现，即将“道”见之于实际行动。前文提到慎德的品德结构包括道德认知、道德情感、道德意志和道德行为四个方面，在道德行为的环节，谨慎所具有的美德品质才得以真正展现，慎德才最终实现。

那么人们是如何在谨慎的行为中贯彻道德原则的呢？主要通过行为“法天道”“遵人道”“循良知”三个方面来实现。“天道”是绝对的、超越的、客观的法则；“人道”是社会的、实际的、人间的法则；“良知”则是内在于人心的道德法则。从“法天道”至“遵人道”再到“循良知”是由“道”而至“德”的过程，是道德主体对道德法则的遵守由被动到自觉的过程，是由他律到自律的转化过程。

在中国古代的信仰体系中，“天”是最高神，不仅可以涵养万物、生生不息，也可以赏善罚恶、赐福降灾。“在天的面前，人是被动的，必须遵循天的旨意行事。”[③] 所以，殷商时期人们在行为中谨慎是由于对“天意”“天命”的畏惧，形成的被动心理和行为表现。周代商后，周人对“天”不再深信无疑，天命可以因为人是否有“德”而发生转移，从此慎天、慎神转化为“慎德”。“慎德”使周人的道德努力真正地转化为实践，此时人的道德努力仍没有摆脱“天”的限制，在一定程度上可以说是“顺天”的另一种体现。老子推翻了“天神”的权威，以“天道”为万事万物生成、运行的“最高法则”。孔子则更强调“人

① 张岱年：《中国伦理思想研究》，江苏教育出版社 2005 年版，第 20 页。

② 朱熹在《四书章句集注·论语集注》中有言：“德者，得也，得其道于心而不失之谓也。”

③ 宋志明：《中国传统哲学概论》，中国人民大学出版社 2004 年版，第 42 页。

道”，即人在人伦社会安身立命所必须遵守的人间法则。相对于“天道”而言，“人道”更具有现实性、具体性。人们在日用伦常的社会生活中感受到“人道”法则的重要性，认识到遵守“人道”对于自身实实在在的现实意义，由此而遵守“人道”，在“循人道”的过程中主动性、自觉性不断提升。“德”的最终实现在于“以善念存诸于心中”，即以内心之善、道德良知作为外在行为的指导原则。谨慎真正内化为人的德性品质在于对“天道”“人道”的被动遵守转化为对“良知”的自觉守护，对自身的约束由他律转为自律。道德良知为在义与利、公与私、善与恶等道德困境中进行选择的人们指明了一条向善之路。由其指导的谨慎行为不再是犹豫不决、摇摆不定、消极避祸，而是对道德良知所发出的道德命令的自觉遵守。

（二）“公义”原则

“义”作为儒家的一个重要的道德范畴，在不同场合使用，内涵是不同的。学者们从众多的有关“义”的古典文献中进行提取并归纳，认为“义”有“合宜之义”“当为之义”“合理之义”和“规则之义”四种。[①] 即“义”是具有合宜性、合理性的应然、当然之则。谨慎要合宜、合理，就必须遵守“义”，通过对“义”价值的追求和实践，使谨慎成为一种美德。而人对于“义”最容易失守的原因，在于不谨慎对待“利”的问题，所以“义利”之辨成为先儒们争论的焦点问题。如张岱年所说，“义利的问题包含复杂的内容”，[②] 包含了“道德”与“利益”“公利”与“私利”“荣”与“辱”的关系问题，谨慎以“义”为价值原则就是解决当人们面临着以上矛盾冲突时，所做出的抉择和取舍应该是以“道义”“公利”为先、为荣，反之则以为耻。

首先，慎德以道义为最高原则。“义”是更高层次的价值追求，是

---

① 肖群忠先生对古典文献中“义”的语义进行分析，得出“义”的四种意思“宜”“正”“理”“则”，并指明“宜”与“正”表示“义”的普遍价值和道德价值的含义，“理”与“则”表示“义”的实践性特征。参见肖群忠《中国道德智慧十五讲》，北京大学出版社2008年版，第244页。张锡勤先生认为“义”，就是“遇事”按照等级制的精神原则，果断地做出正确决断，采取最为适宜、恰当的行为，并指出“义”是应该、应然之则。参见张锡勤《中国传统道德举要》，黑龙江大学出版社2009年版，第22页。

② 张岱年：《中国伦理思想研究》，江苏教育出版社2005年版，第91页。

是非、善恶、荣辱的标准，是道义的准则。儒家以“义以为质”（《论语·卫灵公》）、“义以为上”（《论语·阳货》）作为理想人格的标准，墨家倡导“兴天下之利”而为义的人格理想。是否行义，是否有更高的道德追求是慎之为德的重要条件。“义”即为蔡元培先生所说的“标准行为的一定宗旨”①。“义”是人道德行为所追寻的终极目标，是更加坚定的在任何时候都不可改变的道义原则。所以孔子说“君子立于天下也，无适也，无莫也，义之与比”（《论语·里仁》），“邦有道则仕，邦无道则可卷而怀之”（《论语·卫灵公》）。孟子说：“士穷不失义，达不离道。”（《孟子·尽心上》）荀子说：“从道不从君，从义不从父。”（《荀子·子道》）是否合义是何时谨慎、如何谨慎的最终依据。是具有慎德品质的人在面临着“义”与“利”“公利”与“私利”等问题时进行取舍所依据的最高准则。

“义利”关系涉及的首要问题就是道德与利益的关系问题。慎德以“义”为原则，就是人们在面临着“道义”与“利益”的冲突时，慎守道义、重义轻利，以道义作为对利益取舍的标准，合义则取之，不合义则舍之。先秦儒家诸子并不否定利的价值。“富而可求也，虽执鞭之士，吾亦为之。”（《论语·述而》）孟子也认为人无恒产，则无恒心（《孟子·梁惠王上》）。但儒家更主张“见利思义”（《论语·宪问》）、以义制利。谨慎在义利的选择中是一种以义统利的努力。人首先应该保有对“道义”的崇敬感，有了对“道义”的崇敬感就会从内心中生发出一种对“道义”坚持不懈的力量，即使物欲利诱置于眼前，也不为之所动，而是冷静分析、谨慎权衡、理智地应用“道义”原则对“利”做出是否“合义”的评判。再以坚忍的毅力，抑制人本身所具有的欲望冲动，摒除权势、人情关系等外在因素的干扰，坚毅、果断地对“利”做出符合“道义”的取舍。孔子坚守道义，不为一时富贵而谄媚卫国大臣王孙贾；颜回不求安逸生活，居陋巷，不改守道之志；齐人不因饱腹而食嗟来之食：都是在面临着“义”与“利”的冲突时，以道义为原则而做出的谨慎之举。

其次，慎德以公利为取舍标准。前文说明，人们在对“利”进行

---

① 蔡元培：《中国人的修养》，中国工人出版社2008年版，第71页。

评判和取舍的过程中以“道义”为最高的原则，合义就取之，不合义就舍弃。那么什么样的“利”是合乎道义的呢？这就涉及具体的取舍标准的问题，儒家对此的回答是取公利，舍私利。当利益置于面前时，君子、士自然会做一番谨慎的努力，而最终选择的依然是合义的公利。

义利问题说到底就是公与私的问题，宋儒就曾主张以公为义、以私为利。“公私，其实即义利也。”（《陆九渊集·与王顺伯》）[①]“义与利，只是个公与私也。”[②]明儒也有相关的论述。“义也者，天下之公也；利也者，一己之私也。”[③]“学者知心上有公私，便知事上有义利。”（徐问：《读书札记》）[④]为什么“公”就是“义”，究竟什么是“公”，罗哲海对此的解释是：“公”与“义”都有“把特定之个人和团体的利益放在一边，促进客观而普遍的目标实现”之意。[⑤]由此得知“公”应该有两层含义，作为标准而言，“公”是不偏不倚、中立客观、普遍皆宜的道理，即所谓“义理”“公理”；在涉及个体与集体的关系时，“公”相对于“私”而言，“公”即“共”，是相对于个体而言更大的团体。因此“公利”也就具有了“公理之利”和“公共之利”两种。如何理性地认识两种利，并在实践中谨慎选取，以下分以论述。

《吕氏春秋·贵公》中有言：“昔先圣王之治天下也，必先公。公则天下平矣……故《洪范》曰：‘无偏无党，王道荡荡；无偏无颇，遵王之义……’”荀子亦有言，“公正无私”（《荀子·赋第》），君王要使天下得治，就应该遵循普遍适宜的道理，中正无偏，此言“公”便是“公理之利”，人在做出谨慎实践中应该以普适天下的“公理”为准则。而就“公共之利”而言，何为“公共”在中国人的思想意识中是朦胧的，中国传统的社会结构是以个体为中心而不断向外推开的一层层的水波纹，所以对于个体来说，家庭是公，对于家庭来说宗族是公，对于宗族来说天下是公。[⑥]但“公”与“私”相对，“公共利益”与“私人利

---

① （南宋）陆九渊：《陆九渊集》，钟哲点校，中华书局 2008 年版，第 17 页。

② （北宋）程颢、程颐：《河南程氏遗书》，上海商务印书馆 1935 年版，第 195 页。

③ （明）刘宗周：《刘宗周全集》（第二册），浙江古籍出版社 2007 年版，第 489 页。

④ （明）黄宗羲撰：《明儒学案》，载《四部备要·子部》，据郑民补刻校刊，上海中华书局 1934 年版，第 406 页。

⑤ ［德］罗哲海：《轴心时期的儒家伦理》，大象出版社 2009 年版，第 146 页。

⑥ 费孝通：《乡土中国》，上海世纪出版集团、上海人民出版社 2006 年版，第 25 页。

益”相对却是明确的，所谓“公共之利”就是宗族利益、国家利益、民众利益、群体利益。当公利与私利发生矛盾时，个体应该坚持“以公灭私”（《尚书·周书》）、“志爱公利”（《荀子·赋第》）的原则。中国历史中不少仁人志士，为了民族大义，不惜牺牲自我，就是以“公利”为尚，是实现慎德的最好诠释。需要指出的是，人们之所以谨慎，主要因为人有“趋利避害”的本性要求，但这不可以成为人们逃避社会责任、义务，为谋求私利不择手段的理由。具有德性品质的谨慎应该是以“公义”为原则，为实现“公利”而做出理智性的思考和实践性的努力。

最后，慎德以义荣为内心法则。所谓义就是“道义”“公义”，“‘义’既被理解为一种伦理标准，也被理解为一种实践理性的能力”[①]。由此“义荣”则既是对“义”的价值的认同和崇尚，又是因为践行了“义”的准则而在内心升腾出的荣耀感。“义荣”使“义”由外而内，从外在的准则转化成为内心法则。这种内心的法则对人的行为发出了一种必须按照“义”的要求而行动的“绝对命令”，如不按命令行事，也会在内心中产生对自我进行责罚的耻辱感。谨慎以“义”为准则，更要以“义”为荣，才能增强人们在犹豫、踌躇间追求“义”的坚定性和主动性。谨慎如果不以“公利”“道义”为荣，反以一己私利的获得为荣，就会畏首畏尾、反成懦弱。正如王夫之所说：“慎者，畏其身入于非道，以守死持之而不为祸福利害所乱……懦者畏祸而避之，躬陷于大恶而不恤，何慎之有！”[②] 能够坚守道义，不因为一己私利，避免祸患殃及己身而失去道义原则的人，才是真正有慎德的人。

“义荣”是荀子在讨论“荣”与“辱”的问题时所提出的观点。“好荣恶辱，好利恶害，是君子小人之所同也，若其所以求之之道异也矣。”（《荀子·荣辱》）荀子认为人人都喜好“荣”，但君子与小人的不同在于以什么为荣。“荣辱之大分，安危利害之常体。先义而后利者荣，先利而后义者辱。”（《荀子·荣辱》）只有将“义”置于第一位，

---

① ［美］余纪元：《德性之境——孔子与亚里士多德的伦理学》，中国人民大学出版社2009年版，第145页。

② （明）王夫之：《俟解》，中华书局2009年版，第86页。

追求“义”的价值原则才是“荣”。荀子又对什么是“义荣”作了进一步的解释。荀子认为“荣”有“义荣”“势荣”之分。“志意修，德行厚，知虑明，是荣之由中出者也，夫是之谓义荣。爵列尊，贡禄厚，形势胜，上为天子诸侯，下为卿相士大夫，是荣之从外至者也，夫是之谓势荣。”（《荀子·正论》）外在的权势地位所带来的荣誉不是真正的“荣”，只有“由中而出”，由自己所具有的善的道德品质所产生的荣誉才是真正的“荣”，所以荀子主张君子应该追求“义荣”，应该以行“义”为荣。《吕氏春秋》中有言：“辱莫大于不义。”（《吕氏春秋·贵生》）“由义为荣，背义为辱。”（《陆九渊集·与郭邦逸》）[①] 知荣知辱是人的一种理性的自觉，是人对自身应该如何的一种理性的设计。谨慎如果没有“义”的准则去框定，不以行义为荣，轻者是懦弱和无原则，重者是智谋和巧诈，也就失去了成为人之德性的可能性。

（三）“执中”原则

慎德坚持“执中”原则就是谨慎要保持中庸适宜、恰到好处，无过无不及。在中国古代典籍中与“中”相关的词语有很多，如“中和”“中道”“中庸”[②] 等，本书独取“适中”“时中”“用中”三个词语，来说明慎德所遵守的“中”标准是什么，慎德如何坚持“中”的原则，慎德遵守“中”的原则在日常生活如何实现等问题。

首先，“适中”，慎德之一般原则。学者对“中”的初义进行考释有两种含义，“中”在甲骨文中有两种类型的字形，以“”和“”为代表，分别象征着“中”的两层含义。一为中（阴平），象征旗帜将旗杆“圈其中部”，任风吹摇摆，坚定不移，表明“恰当”“适宜”之义。一为中（去声），象征矢射中被射之物，表明“获得”“正中”之义。[③] 综合以上分析，“中”不仅指标准、原则，也具有符合标准之义。所以，谨慎之人，不仅应该认清“中”的标准，更应该“竭情尽慎”

① （南宋）陆九渊：《陆九渊集》，钟哲点校，中华书局2008年版，第171页。

② 《礼记·中庸》中有言：“致中和，天地位焉，万物育焉。”《周易·上经》有言：“‘干母之蛊’，得中道也。”《礼记·中庸》言：“中庸其至矣乎！民鲜能久矣！”

③ 马中：《中国哲人的大思路》，陕西人民出版社1993年版，第509页。

(《礼记·礼器》)，使自己的言行举止都符合“中”的准则。儒家经常以射箭为喻：“射者，进退周还必中礼。内志正，外体直，然后持弓矢审固。持弓矢审固，然后可以言中。此可以观德行矣。”(《礼记·射义》)说明三心二意、左顾右盼，以戏谑游戏的态度去射箭，是无论如何都不可能达到目标的；只有全神贯注、心正体直、谨慎牢固地把持弓矢，瞄准方向，才能正中目标。同样，如果只知小心谨慎、慎重对待，没有方向、没有目标，仍然是徒劳无功的。所以慎要成为一种美德就应该以“中”为标准，并力图做到言行合“中”。

那么慎德所坚持的“中”的标准究竟是什么呢？在儒家看来，“中”是“恰当适宜”的标准。《论语·先进》记载：“子贡问：‘师与商也，孰贤？’子曰：‘师也过，商也不及。’曰：‘然则师愈与？’子曰：‘过犹不及。’”过和不及都是缺点，都是不足取的，只有无过无不及，才是“中”，才符合恰当适宜的标准。所以孔子提出：“不得中行而与之，必也狂狷乎。狂者进取，狷者有所不为也。”(《论语·子路》)敢作敢为的人只知进取、不顾后果；胆小怯懦的人又顾虑太多、畏首畏尾。狂者缺少的是谨慎，狷者缺少的是勇气，而只有慎德——勇敢中不缺少智慧、谨慎中不缺少力量，才符合“中”的标准。虽然孔子主张“过犹不及”，但人们还是警惕“过”多一些。[①] 如何警惕“过”，防止不及，就要“执两用中”，把握两者之间的“度”，这个“度”就是“中”。谨慎如果不遵循“中”，不把握“度”，过之则是鲁莽、粗疏、冒进、冲动，不足则是畏惧、懦弱、较真。所以谨慎只有以“中”为准绳，按照“中”的原则来实现，才能成为慎德。

“中”还是兼顾不偏的标准。“不偏之谓中”[②]，“中者，不偏不倚”

① 张锡勤说：“履行道德一旦过了头，就会使原有的道德要求变质，而走向极端。”参见张锡勤《中国传统道德举要》，黑龙江大学出版社 2009 年版，第 277 页。马中说：“‘不及’明显是一种差距，不难引起人们的警惕和重视，所以他不大予以强调。‘过’则不同。‘过’似乎总是经常与良好的主观愿望联系在一起的，因此容易受到人们的谅解和同情，乃至默认、赞许等，为此，孔子特别予以强调。”参见马中《中国哲人的大思路》，陕西人民出版社 1993 年版，第 516 页。李觏亦有言：“人之患不在乎不及，而在乎过之。不及则下于人，下于人则愤，愤则知进矣。过之则出乎类，出乎类则矜，矜则不知其反矣。”参见（宋）李觏《李觏集》，王国轩校点，中华书局 1981 年版，第 331 页。

② （北宋）程颢、程颐：《河南程氏遗书》，上海商务印书馆 1935 年版，第 110 页。

（《四书章句集注·中庸章句》），“中之理所包甚大，存于心而不偏不倚”（《薛瑄全集·读书录·卷八》）[①]。不偏不倚就是坚固，不偏执一端。从道德层面来讲，就是兼顾各种德性，不执拗于一种德行，而使其他的德行偏失。孔子对具有这一含义的“中”多有论述，如“文质彬彬”（《论语·雍也》）、“温而厉”“恭而安”（《论语·述而》）、“贫而乐”“富而好礼”“谨而信”（《论语·学而》）、“泰而不骄”（《论语·子路》）、“不以言举人，不以人废言”（《论语·卫灵公》）。孔子主张各种德行之间是相互依存的，只有互相补充，才能避免道德的偏执或缺失。所以孔子指出其弟子冉求的毛病是过于谨慎近于畏缩，所以鼓励他要有胆量。[②] 谨慎作为一种美德固然也不可有所偏失，如果不兼顾“勇敢”的美德，不以“进取”的美德作为补充，也不能成其为美德。

其次，“时中”，慎德之时间把握。《礼记·中庸》中有言：“君子中庸，小人反中庸，君子之中庸也，君子而时中；小人之中庸也，小人而无忌惮也。”朱熹为其作注：“君子之所以为中庸者，以其有君子之德，而又能随时以处中也。”（《四书章句集注·中庸章句》）冯友兰也说：“在各种社会内，各种情形下，各种事之至当办法，可以不同，所以说中，必兼说时，所谓时中。”由此可见，“时中”是成就美德品质、助益事务成功的重要原则。“适中”与“时中”虽然都是反复权衡、比较，进而选择最适宜的方式，做出最恰当的反应。然而，二者的侧重点不同，“适中”是从横向的角度考虑问题，是在过与不及、不偏不倚中进行选择，依据的是相对稳定的“中”的标准。而“时中”则不同，是根据时间、情境的不同，从纵向的角度进行权衡，考虑的是一时一事的变化，分析彼一时、此一时的迥异，注重前行往事的处境与此时此刻的分别。

那么如何在谨慎的过程坚持“时中”原则呢？“时”简单而言就是“时间”，“中”就是“适中”，所谓“时中”就是坚持“适中”原则要以时间为依据。所以，慎德实现过程中坚持“时中”原则就必然要在

① （明）薛瑄：《薛瑄全集》，山西人民出版社 1990 年版，第 1231 页。

② 公西华曰：“由也问闻斯行诸，子曰有父兄在。求也问闻斯行诸，子曰闻斯行之。赤也惑，敢问。”子曰：“求也退，故进之；由也兼人，故退之。”出自《论语·先进》。

时间问题上下工夫，要做到“顺时而中”“审时而中”和“应时权变”。中国古代典籍《礼记》中多次提及行事应顺应时间变化。《月令》中有言：“凡举大事，毋逆大数，必顺其时，慎因其类。”《礼器》中也说：“故作大事，必顺天时。”《乐记》载：“天地之道，寒暑不时则疾，风雨不节则饥。”所谓“天时”就是天道运行的客观规律，“顺时”就是遵循规律，根据客观规律的变化做出恰当的反应和适宜的行为就是“顺时而中”。慎之为德应该“顺时”，了解和掌握自然、社会、人事运行的内在规律，不无视规律、盲目行动，以客观规律的要求作为自身谨慎行为的准则。

慎之为德还应该“审时而中”。所谓“审时而中”就是道德主体对其合“中”的道德行为何时可行，何时行可以取得更为优良的效果的判断。与“顺时而中”的不同在于不是根据时间的变化对道德主体行为的取舍，而是在坚持自己行为的正确性、道义性的前提下对时间的选择，更能体现人的道德主体性。孔子终生的理想在于弘道，但他却赞成“邦有道，则仕；邦无道，则可卷而怀之”（《论语·卫灵公》）的谨慎选择，原因就在其对自己在什么时间行道最适宜有着深刻的洞见，所以孟子称赞“孔子，圣之时者也”（《孟子·万章下》）。所以慎德的实现不是只靠个人的道德努力就能实现的，还受制于所处时间段的客观条件。而坚持“审时而中”，行为和决定不盲目、不轻率，审慎地考察不同时间段的有利条件和不利形势，反复分析比较、权衡利弊，慎重抉择、对慎之为德则更为必要。

慎之为德更应该做到“适时权变”。“适时权变”是根据时间、情境的不同而对“中”的原则灵活性的把握。既不是任性的、不经过任何思考而做出的选择，更不是没有原则、泯灭是非的随意变化。孔子所痛斥为“德之贼”的“乡愿”（《论语·阳货》），孟子所说的“同乎流俗，合乎污世……众皆悦之……”（《孟子·尽心下》）的“老好人”都圆滑融通、八面玲珑、随机应变，“变”已成为他们的人生模式，看似他们为了避免邻里纷争、维护个人声誉、存身于世而谨慎为之，但事实上，已经丧失了慎德的根本精神。谨慎作为美德不是因畏惧而任意改变，不是畏首畏尾、毫无定见，而应以善、道义为最高目标，依据时间、情境的不同做出慎重、适宜的调整。

最后，“用中”慎德之实践归宿。“用中”源于对“中庸”一词的理解。郑玄在其《礼记·中庸注》中阐明了“庸”的三重含义，即庸有“常”“用”“日常”之意。马中根据此三重含义将中庸概括为“以‘中’为常则、以‘用’为目的、以最广泛的生活实践为归宿的方法论原理”①。美国学者余纪元则更加主张将“庸”解释为“用”，“中庸”即为“用中”，强调中庸的实践性问题。道德内化理论认为，“知行统一是道德内化的内在要求”，“行为是道德内化的逻辑终点”②。“中”作为慎德谨慎遵守的原则，目的就是用“中”指导人的行为，使人不怯懦也不冲动，不固执也不草率。所以真正地将“中”的原则内化于人，使人们自觉遵守，还必须将“中”的原则运用到百姓的日常生活的行为实践中。

但如孔子所说：“天下国家可均也，爵禄可辞也，白刃可蹈也，中庸不可能也。”的确有智慧可以使国家得到治理，行忠义可以拒绝官爵利禄，勇敢可以战胜困难，但在日常生活中，时时地保持“中道”却是极其艰难的，它需要一种意志力，需要对“中”原则的执着和坚持，需要对自身的制约和控制。陈确说：“道止一中，过一分即是过，不及一分即是过。无过之学，谈何容易。”③ 这“一”便是达致恰如其分的“度”，这“度”就在分寸之间，况且“差之毫厘，谬以千里”，对“度”的准确定位需要智慧，更需要勇于决断的力量。而这个“一”“度”“中”又应该是合情合理的，使其恰当又必须考虑情感的因素，需要有情感动力的支持。如前文所述，慎德作为一种美德，是“知”“情”“意”“行”四个方面结合而成的整体，在对“中”的原则的遵守过程中四者实现了高度的统一。通过认真、周密、细致的思考寻找到“中”的标准，凭借对真善的真诚敬重的情感支持不断地追求“中”的境界，以冷静、节制、坚毅、执着的意志力坚守着“中”的原则，在日常生活的实践中不断地实践“中”，这便是慎于“中”的应有之义。

综上言之，具有“慎德”品质的人，应该坚持“守德”原则，认

---

① 马中：《中国哲人的大思路》，陕西人民出版社1993年版，第511页。

② 邱吉：《道德内化论》，民族出版社2004年版，第119—120页。

③ （清）陈确：《陈确集》（下），中华书局1979年版，第416页。

同“善”的道德价值，遵守道德规范，在行为中自觉实践道德原则；更应该坚持“公义”原则，以道义为最高价值追求，以是否符合公利作为为与不为的标准，以行义为荣；还应该坚持“执中”的原则，做到恰当适宜、兼顾不偏，根据时间的变化，在具体道德情境下有所变通、不拘泥，在日常行为中实践中庸之道。三种原则在“慎德”实现过程中的地位和作用并不是等同的，“守德”原则是成就“慎德”的根本原则，是否坚守和实践道德，是“慎”之为德的决定因素。“公义”原则是对具有“慎德”品质的人提出的更高水平的道德要求，标示着“慎”作为美德所达到的道德水准和道德境界。“守德”和“公义”是处于两个不同层次具有实质的道德内容的原则，而“执中”原则却是形式上或者思维上的，必须以“守德”“公义”原则为根本。

二　慎德的个体修养

“一种道德能否真正掌握社会，主要在于它最终是否转化为社会成员自觉的道德修养。”[①] 儒家虽然认为谨慎作为一种美德有其必然性，但并不认为人能自然而然地实现慎德，相反，要实现慎德是需要做出一番修养工夫和实践努力的。为此，儒家提出为学、慎思、力行的慎德修养方法。

（一）为学

儒家主张“尊德性而道问学”（《大学·中庸》），培养一种道德习性，“学”是主要的方法和途径。儒家虽然主张人可以“生而知之”，但这种“生而知之”是极难求的[②]，只有通过“学而知之”[③]，“下学而上达”（《论语·宪问》）才能培养道德修养，达致圣人之境。对此，孔

① 罗国杰：《伦理学》，人民出版社1989年版，第456页。

② 《论语·季氏》中有言：“生而知之者上也，学而知之者次也；困而学之，又其次也；困而不学，民斯为下矣。”

③ 《礼记·中庸》中有言：“或生而知之，或学而知之，或困而知之，及其知之，一也。”儒家虽然认为人有“生而知之”，但孔子更认为：“吾非生而知之者，好古，敏以求之者也。”（《论语·述而》）儒家更强调通过学以知道，通过学培养道德修养。

子主张人应该有“博学”之基，孟子提出“约学”之法，荀子主张“强学”之志。即“儒家主张通过学习来获得知识，化知识为德性”①。

1. “博学”是慎德修养的前提基础

在治学方面孔子主张“好学”“博学”。“学而时习之，不亦说乎”（《论语·学而》），“敏而好学，不耻下问”（《论语·公冶长》），“默而识之，学而不厌”（《论语·述而》），学习应该是一件很快乐的事情，求学的人只有具有主观能动性，才能不断地勤奋努力，并且十分赞赏其弟子颜回的好学之举。孔子还主张“博学于文”（《论语·颜渊》），诗、礼、乐②以及六艺（礼、乐、射、御、书、数）都是孔子主张学习的内容。好学上进的人不会马虎粗疏、含混过关；学识渊博的人，更能参透人生道理，不会轻举妄动。如孔子所言：“食无求饱，居无求安，敏于事而慎于言，就有道而正焉，可谓好学也矣。”（《论语·学而》）“好学”“博学”的过程就是慎德修养的过程，要养成慎德习性就必须以“好学”“博学”为前提。

在“好学”“博学”中如何养成慎德呢？首先，学可以知“礼”。孔子说：“不知礼，无以立。”（《论语·尧曰》）礼是孔子主张学习的主要内容，“恭近于礼，远耻辱也”（《论语·学而》），只有依礼行事，才能免遭耻辱。“非礼勿视，非礼勿听，非礼勿言，非礼勿动”（《论语·颜渊》），礼将人的行为框定在礼的范围内，不得有丝毫僭越，人应该时刻谨守，所以学礼、守礼的过程就是修养慎德的过程。

其次，学可以去“弊”。《论语·阳货》中记载了孔子与仲由的一段对话：“子曰：‘由也！女闻六言六弊矣乎？’对曰：‘未也。’‘居！吾语女。好仁不好学，其弊也愚；好知不好学，其弊也荡；好信不好学，其弊也贼；好直不好学，其弊也绞；好勇不好学，其弊也乱；好刚不好学，其弊也狂。’”六种品德之所以产生了六种弊端，原因在于人没有足够的知识和能力，不能去除各种鄙陋无知，因受蒙蔽而做事盲目。盲目、冲动因无知而产生，谨慎则是对盲目、冲动的抑制，所以学习知识有助于人看清事物的实质，培养人理性判断的能力，形成谨慎的

① 方同义：《中国智慧的精神》，人民出版社2003年版，第100页。

② 《论语·泰伯》中有言：“兴于诗，立于礼，成于乐。”

道德习性。

最后，学可以自知。孔子曰：“知之为知之，不知为不知，是知也。”（《论语·为政》）知道自己不知道，才能不断地学习，才能拥有真正的智慧。自知，就是知道自己的缺点和不足，给自己一个理智而恰当的评价。一个不自知的人狂傲放荡、目中无人、恣意妄为，一个不自信的人则胆小怯懦，畏首畏尾。唯有学习可以使人自知，在行为中有所权衡，谨慎适当。

2. “约学”是慎德习性实现的简约之法

孔子治学主张“博学”；孟子则不同，主张“约学”，认为学习只要提纲挈领、掌握要旨即可。孟子的“约学”思想源自其人性本善的性善论观点，认为学习就是对人之善端的存养，应该向内求，而不必向外学得更多的知识。所以孟子“约学”的过程就是谨慎保养人之善端并扩而充之的过程，从逻辑上包含“求放心”“由博返约”“深适自得”三个过程。

孟子有言：“学问之道无他，求其放心而已矣。”（《孟子·告子上》）治学、求学就是求得失去的良善之心。“恻隐之心”“羞恶之心”“恭敬之心”“是非之心”是人心本有的，但这四心也只是端倪而已，“求则得之，舍则失之”（《孟子·告子上》），人应该将治学工夫用于求放心之上。然而“耳目之官不思，而弊于物”（《孟子·告子上》）。“养心莫善于寡欲”（《孟子·尽心下》），人的本心是善的，然而由于人追求耳目之欲，压抑了本心，丧失了良心。求得丧失的良心更要养心，克制、减少欲望。“求放心”的过程就是“除恶养善”的过程，需要人内心中有足够的理性审视和判断能力，不因外物的迷惑而盲目从欲，时刻进行自我反省、自我约束。所以求放心的过程也是培养谨慎的理性智慧，形成坚定的谨慎意志的过程。

求得放心的具体方法就是“由博返约”，“博学而详说之，将以反说约也”（《孟子·离娄下》）。孟子一改孔子的“博学”思想，而主张“简约之学”，“道在迩而求诸远，事在易而求诸难”（《孟子·离娄上》）。求得学问之道，不用太过复杂，博学的最终要旨还是要掌握大义、要义，求得道德本心即可。即孟子所谓：“从其大体为大人，从其小体为小人……先立乎其大者，则其小者不能夺也。此为大人而已矣。”（《孟子·告子上》）孟子所谓“大”就是人本然的善心，所谓“小”则是耳目之欲。所以孟子主张学习只要能掌握自己的道德本心，就可以抑制欲望，就是治学的佳境。

孟子主张“立乎大者”，治学要掌握学问的要旨，并不是流于表面、浅尝辄止，而是要“深适自得”。“君子深造之以道，欲其自得之也。自得之，则居之安；居之安，则资之深，资之深，则取之左右逢其原，故君子欲其自得之也。”（《孟子·离娄下》）精深的挖掘道德本心，并实实在在、牢固地掌握，将其化为己之内在所有，就可以安乐自得。孟子提出了“精”而“专”的治学方法，也是把握道德要旨、深刻领会的道德修养方法。在这种治学及修养方法中，锻炼了人们排除耳目之欲干扰，专心一致、精神专注的思维能力和自我约束力，使慎德的习性在专注于道德本心的修养实践中养成。

3. “强学”锻造了慎德修养的意志力

孔子创立了儒家德性修养的两条途径，即“反省内求”和“格物外求”[①]。孟子继承了前者，认为德性修养需要通过“求放心”等自我反省的方式得以养成。荀子则继承了后者，认为人要不断地通过“认知心”[②] 学习外在礼乐知识，再使知识转化为德性，才能成人。荀子的治学之方也源于他的性恶论观点，“今人之性，生而好利焉，顺是，故争夺生而辞让亡焉。生而有疾恶焉，顺是，故残贼生而忠信亡焉。生而有耳目之欲，有好声色焉，顺是，故淫乱生而礼义文理亡焉。然则从人之性，顺人之情，必出于争夺，合于犯分乱理，而归于暴，故必将有师法之化，礼义之道，然后处于辞让，合于文理，而归于治”（《荀子·性恶》）。人的本有之性是恶的，要培养人的道德品性，就必须用外在的礼义之道来规制人性。所以荀子主张学习应该外求，运用“强学”之法，培养人的专注、执着、努力的意志力进而改变人的不善之性。慎德实现的一个重要方面，就是对自身欲望、盲目、冲动等非理性因素的

---

① 参见郑淑媛《先秦儒家的精神修养》，人民出版社 2006 年版，第 168 页。

② 蔡仁厚认为：“荀子言心、首重心之知虑作用，其心为认知心。此是以智识心，所透显者为‘知性主体’。而孟子是以仁识心，透显者为德性主体。”参见蔡仁厚《中国哲学史大纲》，吉林出版集团有限责任公司 2009 年版，第 60 页。正因为荀子强调心的知虑作用，所以决定了其治学的方式必然是外求的。

抑制，这需要有坚强的意志力作为支撑，而这种谨慎、自我控制和坚定执着追求道德目标的意志力在荀子的“虚静之学”“专心之学”“积善之学”等“强学”之法中得以培养。

首先，“虚静之学”。荀子不仅主张学习要专心致志，而且要心无杂念、清醒、冷静，保持良好的状态即荀子所谓“虚一而静”，“心未尝不臧也，然而有所谓虚；心未尝不满也，然而有所谓一；心未尝不动也，然而有所谓静……心，卧则梦，偷则自行，使之则谋。故心未尝不动也，然而有所谓静，不以梦剧乱知谓之静。未得道而求道者，谓之虚一而静”（《荀子·解蔽》）。心很容易躁动，只有用理性意志战胜人心浮躁，人才能沉静下来，不受外在驳杂事物的干扰，遇事时才能够沉着、冷静。而谨慎则是人在内心平静之下所做的理智思考，所以荀子所倡导的“虚静之学”对于培养人的“沉静”“镇静”“冷静”的心理修养素质具有实践性的意义。

其次，“专心之学”[①]。荀子有言：“螾无爪牙之利，筋骨之强，上食埃土，下饮黄泉，用心一也。蟹六跪而二螯，非蛇鳝之穴无可寄托者，用心躁也。是故无冥冥之志者无昭昭之明；无惛惛之事者无赫赫之功。行衢道者不至，事两君者不容。目不能两视而明，耳不能两听而聪。……故君子结于一也。”学习要注意力高度集中、专心致志，不可一心二用。这样才能集中精力，认真、细致、周密地思考问题，才能恰当地做好当为之事，这便做到了谨慎。

最后，“积善之学”。学习应该成为一种习惯，矢志不渝，不断积累。“积土成山，风雨兴焉；积水成渊，蛟龙生焉；积善成德，而神明自得，圣心备焉。故不积跬步，无以至千里；不积小流，无以成江海。骐骥一跃，不能十步；驽马十驾，功在不舍。锲而舍之，朽木不折；锲而不舍，金石可镂。”（《荀子·劝学》）荀子所主张的始终如一、坚持不懈、不断积累的学习方法可以培养人们极强的意志力，不断地控制自我、战胜惰性、超越自我。谨慎之所以成为一种美德，在于人在实行慎德的过程中能够克服自身缺点和不足，控制自身的欲望和情绪，形成良

① 《荀子·性恶》有言：“今使涂之人伏术为学，专心一志，思索孰察，加日县久，积善而不息，则通于神明，参于天地矣。”

好的人格品质和行为习惯。所以荀子主张的“锲而不舍”“积善成德”的过程，也是进行慎德修养的过程。

（二）慎思

“‘思’之重要，是由于伦理道德意识和行为极其复杂，其把握和运用更为复杂。不但有直接的，还有间接的；不但有现象，而且有本质。真正把握和运用伦理道德必须由此及彼、由表及里、由近及远、去粗取精、去伪存真，而这就需要‘思’。”[①] 道德认识、道德行为以及道德修养的复杂性，使“思”成为修养德性的必要方式。慎作为德性必然也离不开“思”的作用，慎本身就是一种理性的思维活动，其理性认知能力和自我约束能力都是在“思”的修养实践中养成的。“思”是一种道德思维、道德理性，这是先秦儒家所得到的共识，但诸子们对于“思”的思维向度的理解却是不同的。孔子认为“思”是对自身的检省，思孟学派认为“思”是人“诚善”的存养，荀子则认为“思”是理性的思虑。

首先，省思。在孔子处，“‘思’是认识过程中的理性活动，是修养的重要环节。包括对所学内容的伦理思考和对自己言行的自我检查”[②]。孔子是在“学”与“思”的讨论中阐述“思”的，孔子虽然认为“学”相对于“思”更重要，“吾尝终日不食，终日不寝，以思，无益，不如学也”（《论语·卫灵公》）；但“学而不思，则罔”（《论语·为政》），学习没有思考，就不会有任何收获。“思”相对于“学”而言，是理性的思维批判能力，可以将学得的知识进行理性的思维加工，“适当且有意义地应用到自我独特境遇中”[③]，从而真正内化为人本身的德性品质。在这种理性思考的修养实践中，可以使人既知其然，又知其所以然，能更深刻地掌握所学知识，形成自己的理解。有主见、有观点，方能有所坚持，不盲从、不人云亦云，慎德的道德习性才得以形成。

“见贤思齐焉，见不贤而内自省也。”（《论语·里仁》）孔子所言“思”还是对自身的省察和思考的修养方法。“所谓‘修’，就是修饬、

① 陈瑛：《中国伦理思想史》，湖南教育出版社2004年版，第169页。

② 朱贻庭：《中国传统伦理思想史》，华东师范大学出版社2003年版，第53页。

③ ［美］郝大维、安乐哲：《通过孔子而思》，何金俐译，北京大学出版社2005年版，第51页。

修理、整治的意思，即把不美、不洁或损坏的东西，经过加工修整后，使之变美、变好；而‘养’就是抚养小的东西、少的成分，使之长大、增多。无论是修，还是养，都是为了改善和提高自己的道德水平。”① 孔子“自省”就是“修”“养”结合，检查自身，坚持正确的，改正错误的。如何自省，孔子认为首先应该有一个善恶的道德标准：“见善如不及，见不善如探汤。”（《论语·季氏》）坚持“善”的道德标准，使自身修养趋于完善。具体做到“君子九思”：“视思明，听思聪，色思温，貌思恭，言思忠，事思敬，疑思问，忿思难，见得思义。”（《论语·季氏》）在所见所闻、言谈举止、情绪态度等方面时刻检查自己，用“仁善”的道德标准严格要求自己，不断提升自身修养境界。孔子“自省”的修养方法更加强调对错误和不足的自我认识和自我纠正，即“见其过而内自讼”（《论语·公冶长》）、“过则勿惮改”（《论语·季氏》），坦然面对自己的过失，不隐藏、不掩护，勇于改正。孔子“自省”修养方法的达成需要人向善去恶的主观努力，这种努力是对自我的不断超越，是修养的重要环节。同时在“自省”的修养实践中也培养了人自我反思的道德智慧、自我控制的道德能力。“就有道而正”（《论语·学而》），“慎言其余”“慎行其余”（《论语·为政》），严守道德准则，有所为、有所不为，有坚毅的自控、自讼能力才能有慎德，所以孔子“自省”的修养实践有利于培养慎德。

其次，思诚。孔子提出了“思”的修养工夫的两种方式：一是通过理性活动求得外在知识，二是通过反省自身提升道德修养。荀子继承了前者；思孟学派、周敦颐、朱熹则继承了后者，强调对人本身所具有的善性反身内求。

孟子和子思进一步提出了“诚”“思诚”的修养方法，“诚者，天之道也；思诚者，人之道也”（《孟子·离娄上》）。“诚”作为“天之道”内在于人身，成为人本有的善性，即“诚者自成也……性之德也……”（《礼记·中庸》）。诚本身是完美的、德性俱足的先天意识。然而，作为本体的“不勉而中，不思而得”（《礼记·中庸》）的“诚”只有在圣人身上才可以自然显现。对于一般人而言，“诚”则是“诚身

---

① 陈瑛：《中国伦理思想史》，湖南教育出版社2004年版，第162—167页。

有道”的，需要进行一番修养功夫，这便是“思诚”。“思诚”的修养过程具体为“明善”[①]，意识到自身本有的善性，再“择善”“执善”[②]，坚定自己对“善”的信念和“真诚无欺”的情感，并进行“博学”“审问”“慎思”“明辨”“笃行”的实践努力，才能使“真实无妄”的善性得以显现。孔子也强调内向的道德省察，但没有从根本上解决内省的方向和动力问题，内省的修养功夫最终还是对外在准则的被动遵守。而思孟学派“思诚”的内省方法则从人自身寻找动力，确定了内省的方向和根本法则，使“内省”由被动遵从成为主动的修养意愿。[③] 诚是人内在的德性，慎是诚的外在表现。正因为内心之诚，所以外在体现为慎；如内心无诚，外在表现上便任意随便。谨慎应从真心不自欺开始，做事秉承良心和善念，才能向外扩展为慎言、慎行，才能做到表里如一、不欺他人。

周敦颐和朱熹以“诚”为本体更加丰富了“思诚”的修养方法，主要有周敦颐的“主静”和朱熹的“持敬”两种[④]。周敦颐认为：“诚，纯粹至善者也。”（《通书·诚上第一章》）[⑤]“寂然不动者，诚也；感而遂通者，神也。”（《通书·圣第四章》）[⑥] 诚是人的善良本性和最高的道德原理，诚本身是寂静不动的。所以“主静”“无欲”，在修养过程中尽量排除各种欲望，达到心灵的宁静状态，才能思得“诚”之善性。朱熹认为“思诚为修身之本”（《四书章句集注·孟子集注》），“思诚”是修身的根本方法，并主张用“敬”。朱熹所谓“敬”具有“收敛身心”“整齐”“纯一”“不放纵”、警觉、警醒等多重含义。即

---

① 《孟子·离娄上》和《礼记·中庸》皆有言：“诚身有道，不明乎善，不诚乎身矣。”“明善”是“诚身”的前提，不知道什么是善，也就无法做到诚心正意。

② 《礼记·中庸》有言：“诚之者，择善而固执之者也。”做到“诚”的人就要选择“善”的目标且坚定不移。

③ 参见孙齐鲁《孔、孟、荀学思观辨略》，《孔子研究》2009 年第 6 期，第 65 页。

④ 鲁芳认为用“静”还是用“敬”是周敦颐和心本派与理本派和气本派的不同。前者主“静”是内向型的修养方式；而后者则既强调自我反思、自我体认来彰显内在诚性，同时又把“诚”视为外在于人的客观存在，因此也主张“穷理”，因此后者主张用“敬”，其修养方式是内外兼修的。参见鲁芳《道德的心灵之根——儒家“诚”论研究》，湖南师范大学出版社 2004 年版，第 120 页。

⑤ （北宋）周敦颐：《周敦颐集》，尹红、谭松林整理，岳麓书社 2002 年版，第 16 页。

⑥ 同上书，第 21 页。

“努力保持一种收敛、谨畏和警觉的知觉状态，最大程度地平静思想和情绪，把注意力集中在内心，提撕此心，使之有所警省而无思虑，心境清明不昏乱，注意力集内而不外驰，使心达到在觉醒状态下的一种特殊宁静状态”①。人之谨慎，也是因为人内心有“谨畏”“诚敬”之感，根据对善恶的理性认知，而在内心沉静的前提下做出的收敛、节制等符合道德规范的善良之举。所以，宋明理学家所提出的“静”与“敬”的修养方法对于培养慎德具有十分重要的意义。

最后，思虑。孟子之“思”是对内在德性的体认，“思”的功夫是“人心自证、自立与自我立法”②，从自身寻找道德的根据来规制自我、超越自我。荀子之“思”则属认识论范畴，其修养功夫也是对外在礼义之统的理性认识过程，不同于孟子的道德体认之“思”，而是认知思虑之“思”。荀子有言：“性之好、恶、喜、怒、哀、乐谓之情。情然而心为之择，谓之虑。心虑而能为之动，谓之伪。虑积焉能习焉而德成，谓之伪。”（《荀子·正名》）“圣人积思虑、习伪故，以生礼义而起法度，然则礼义法度者，是生于圣人之伪，非故生于人之性也。”（《荀子·性恶》）“思虑”“心虑”都是指具有理性能力的认知心的思维过程，人可以通过理性的思考对自身的性情进行选择，生成礼义制度，再通过礼义制度对自身进行约束，进而积善成德。

“心之思虑”是通过“见闻”“征知”“解蔽”等环节来养成德性的。荀子非常强调感性认识，认为感官所获得的信息是认识的来源，感性认识是理性认识的第一个环节。“目辨白黑美恶，耳辨音声清浊，口辨酸咸甘苦，鼻辨芬芳腥臊，骨体肤理辨寒暑疾养。”（《荀子·荣辱》）然而人所获得的感性认识是善恶、是非混杂的，况且人天生具有耳目之欲，感性认识的获得又不是客观而全面的。所以荀子主张对所获感性认识进行“征知”，“对感官得来的认识进行分类、辨别、取舍”③。“征知”是获得理性认识的关键所在，是归纳、推理、分析、综合的理性思维方式。

---

① 陈来：《宋明理学》，辽宁教育出版社1991年版，第179页。

② 周与沉：《身体：思想与修行》，中国社会科学出版社2005年版，第166页。

③ 任继愈：《中国哲学史》第1册，人民出版社2000年版，第225页。蔡仁厚和郑淑媛将这种心的理智思维称为“知统类”。参见蔡仁厚《中国哲学史大纲》，吉林出版集团有限责任公司2009年版，第60页；郑淑媛《先秦儒家的精神修养》，人民出版社2006年版，第183页。

由此，人可以制礼义、认识礼义，并形成对礼义的理性认同。进而“解蔽”，克服纷繁的现象世界的束缚，而全面认识到事物的本质，达到“以心知道”的“大清明”境界。慎德是以道德认知为前提、以道德情感为动力、以道德意志为保证，在道德行为中实践的道德智慧。具有道德认识对于实现慎德是必不可少的，人因为对外在事物和现象获得了全面而准确的认识，所以才不敢轻举妄动，谨慎小心。荀子的“见闻”“征知”“解蔽”为获得理性认识、培养慎德提供了行之有效的方法。

（三）力行

“履，德之基也。”（《周易·系辞传下》）“行为德之基也。”（《陆九渊集·语录上》[①] “行”是培养德性、实现道德修养的重要方法。相对于“学”与“思”而言，“行”更具有实践性，只有将“学得”和“思得”的道德原则和道德知识落实到道德行为中，才能真正地内化为人的道德品质。慎德作为一种道德智慧，是在人们的生活实践中不断养成的，慎德真正地成为人内在的德性品质依然需要“践行”。儒家十分重视在道德实践中养成慎德品质，并将慎德贯彻于人的道德行为中，主要表现在“笃实躬行”和“事上磨炼”两个方面。

第一，笃实躬行。宗教学有“修行”一词，“儒家尤重‘体’认、笃‘行’，这实际上就是对修行的重视。所谓修身、修心、修德，必落实为身心整体的切己体认与自觉修持，这正是独具中国特质的修行（修证、践行）”[②]。儒家所谓“修行”强调的是“行”对“德”的体认和践履，是极其重要的道德修养方法。孔子首提“笃实躬行”的修养方法，即认真踏实地、身体力行地去实践道德规范和道德观念，在一言一行中践行慎德、培养慎德。“君子食无求饱，居无求安，敏于事而慎于言，就有道而正焉，可谓好学已。”（《论语·学而》）“君子欲讷于言而敏于行。”（《论语·里仁》）君子应该谨慎自己所说的话，少说话、多做事。“先行其言，而后从之。”（《论语·为政》）“古之言之不出，

---

① （南宋）陆九渊：《陆九渊集》，钟哲点校，中华书局2008年版，第416页。

② 周与沉：《身体：思想与修行》，中国社会科学出版社2005年版，第293页。

耻躬不逮也。”（《论语·里仁》）“君子耻其言而过其行。”（《论语·宪问》）君子更应该说到做到、言行一致，慎重言语，不能妄自夸大、言过其实，并将谨慎之德贯彻于谏君、事亲、交友、治政等方方面面。《礼记·中庸》中有言：“博学之，审问之，慎思之，明辨之，笃行之。”“笃行”就是坚定不移、踏踏实实地实践。笃实本是踏实认真、一丝不苟之意，笃实即是谨慎。在孔子处谨慎笃实是德行的要求，也必然在道德行为的实践中养成谨慎笃实的道德品性。

“孔丘讲行，着眼点是把内心的道德观念加以实现，成为行动，而荀况的着眼点在于使观念的东西更加清楚。”[①] 荀子也非常强调行为实践，“不闻不若闻之，闻之不若见之，见之不若知之，知之不若行之”（《荀子·儒效》）。但荀子的“行”更增加了理智的成分，不对感性获得的东西盲目服从，而是对经过实践检验过的道德原则和道德观念更加坚定不移。孔子、子思和荀子都主张通过“行”来实践道德观念，但又主张慎行，不同在于他们谨慎的向度是不同的。孔子、子思所谨慎的是人自身所具有的不利于道德观念实现的因素。而荀子所谨慎的则是外在因素对人的道德行为实践的影响。“故人知谨注错，慎习俗，大积靡，则为君子矣。”（《荀子·儒效》）“耳不听淫声，目不视女色，口不出恶言，此三者，君子慎之。”（《荀子·乐论》）所以儒家所倡“笃实躬行”对于慎德的培养是内外兼治的：在道德实践中一方面要警惕外在世界对自身道德修养的影响，理性地认识外在世界，增强道德判断能力；另一方面更要谨慎自我，去除自身不道德的因素，提升修养境界。

第二，事上磨炼。儒家主张在做事的过程中培养慎德。对待日用伦常中的大事小情都慎重、认真、一丝不苟，使谨慎成为一种道德习惯；并事事磨炼，坚守道德原则，锻炼道德意志。

《礼记》中有大量的记载说明，人应该在日常行为中谨慎遵守礼义规范，体认道德原则，增强谨慎的自觉性。不仅做大事的时候应该“毋逆大数，必顺其时，慎因其类”（《礼记·月令》），慎重，看清事物发展的趋势，遵守规律办事。在日常侍奉父母的过程中也应该谨慎小

---

① 朱伯崑：《先秦伦理学概论》，北京大学出版社 1984 年版，第 118 页。

心。“在父母舅姑之所，有命之，应唯敬对。进退周旋慎齐，升降、出入、揖游，不敢哕噫、嚏咳、欠伸、跛倚、睇视，不敢唾洟。寒不敢袭，痒不敢搔。不有敬事，不敢袒裼，不涉不撅，亵衣衾不见里。”（《礼记·内则》）孔子也主张在临民治政、侍奉君长、交友居处等生活中的方方面面，都应该谨慎守礼。礼作为一种外在的制度规范，使人在情感上产生了体认和认同，增加了其谨慎守礼的自觉性和主动性，并在遵守礼节仪式和生活细节中实践慎德。

慎德实现所需要的坚定意志力是在后天的实践环境中磨炼出来的。孟子有言：“故天将降大任于是人也，必先苦其心志，劳其筋骨，饿其体肤，空乏其身，行拂乱其所为，所以动心忍性，曾益其所不能。人恒过，然后能改；困于心，衡于虑，而后作；征于色，发于声，而后喻。”（《孟子·告子下》）主张在困苦的生活环境中磨炼人坚定的意志，在精神受到纷扰时更要锻炼人沉静的心态和坚韧的性格。荀子在这一点上与孟子达成了共识，主张德性是通过后天的长期磨炼而养成的。“道虽迩，不行不至；事虽小，不为不成。”（《荀子·修身》）任何事情没有主观的努力是不会成功的，人应该致力于做事。在做事中克服困难，锲而不舍才接近“道”，培养德性。

慎德需在日用伦常中实践。朱熹有言：“道，则人伦日用之间所当行者也。”（《四书章句集注·论语集注》）宋明理学家进而将其解释为“当下即是工夫”，意在说明“道”存在于我们的日常生活当中，只有在现世生活中实实在在地做事，才可以培养道德品性。王阳明系统地阐述了“事上磨炼”的修养功夫，“人须在事上磨，方立得住，方能静亦定、动亦定”（《传习录·陆澄录》）①。真正的“静”并不是简单的静坐，心中空无一物，而是在静动之时都有定力，都能沉着镇定。“人须在事上磨练做工夫，乃有益。若之好静，遇事便乱，终无长进，那静时工夫，亦差似收敛，而实放溺也。”② 是否是真的冷静、谨慎，要在做事的过程中才能体现出来，如果无事时安然处之，有事时手忙脚乱，则不是真正的谨慎。只有在艰难困苦中不改其志，节制自身欲望，在处理

---

① （明）王阳明：《传习录》，张怀承注译，岳麓书社 2004 年版，第 37 页。

② 同上书，第 251 页。

纷乱复杂的事务时沉着镇静，方能显现谨慎的道德智慧和自控能力。

三　慎德的政治领域实践

中国传统“慎德”又是如何实践的？这是“慎”作为美德在人们的日常生活中实际发挥作用的体现。虽然自孔子开始，“慎”就被作为一种“大众美德”而倡导和实践，然而，其从西周开始就被确立为政治美德的传统却延续千年。“慎德”不仅是个体品德、与人之道，由于政治活动的复杂性使慎德在政治领域也有着更为丰富的体现。所以，明确“慎德”在传统政治领域的实践对于进一步理解慎德的实现具有更为重要的意义。政治主体、政治关系、政治活动是政治的三大要素，“慎”作为一种政治美德是政治主体自我修身、处理政治关系、从事政治活动时所应具有的政治素养和遵循的道德准则。在中国传统社会中，“慎”作为政治美德的实践也同样通过这三个方面表现出来。①

（一）政治主体修身之慎

中国古代政治非常重视为政者谨慎修身。荀子说“其所为身也，谨修饰而不危”（《荀子·君道》）；元朝张养浩将“修身”作为其《庙堂忠告》的第一篇，意在表明修身对于事上、处事、率百官、正令名的重要作用；明代薛瑄也在其《为政录》中专门论述谨身要法，欲要齐家、治国、平天下，先要修身，慎修身是为政的根本。

首先，谨慎修心。古人把谨慎修心作为重要的修养工夫，尤其是为官者身居要职，手握权力，就更应该使自己保有一颗宁静淡泊、冷静智慧、不慕虚荣、宠辱不惊、平静安和的心，才能在功名利禄面前不失去自我，不放弃节操。“戒过慎微，不敢纵其欲也”（《淮南子·主术训》），为官需谨慎节制欲望；“祸生于得意”（《说苑·敬慎》），“宠至而益戒”（《国语·晋语六》），“君子慎其所以激者”（《呻吟语·应

① 关于慎德的政治领域实践部分参见笔者拙文《慎：传统政治美德及其现代意义》，《社会科学战线》2010年第12期，第26—29页。

务》)，为官得意时、得宠时、情绪激动时更应该“慎守官方、以安淡泊”①。

其次，谨慎言行。古代为政者认识到不谨言慎行所带来的不利后果，“为官最要安重，众所瞻仰，一言不当，殊生愧赧”（石成金：《嘉官捷径·铭心纪要》）。“言轻则招忧，行轻则招辜”（《法言·修身》），为官者的一言一行代表着国家政令、政府形象，所以说话、办事都应该谨慎对待、认真思考、反复琢磨，“择可言而后言，择可行而后行”（《管子·形势解》）。

再次，谨慎独处。“慎独”不仅是修养方法，也是修养境界。但对于为政者来说，“慎独”却是必备的为政素养，也是其修身立身的本领。“戒慎乎其所不睹，恐惧乎其所不闻”（《礼记·中庸》），“身恒居善……独立不惭影，独寝不愧衾”（《刘子·慎独》），“内不欺己，外不欺人，上不欺天”（石成金：《传家宝·群珠》），才能光明正大、堂堂正正地为政为官。

最后，慎用权力。相对于慎修心、慎言行、慎独处而言，慎用权力是对官员这一政治角色在慎修身方面提出的特殊要求。权力是检验官员的一把标尺，它可以成就官员的政治事业，亦可以使其身败名裂。如贾谊所说：“凡权重者必谨于事，令行者必谨于言，则过败鲜矣。”（《新书·道术》）若要为官、为好官就必须在权力面前节身自持、谨身慎权。

（二）政治关系调节之慎

中国传统政治关系主要包括上下级关系、官民关系、同僚关系、官员与其亲友的关系。这几种关系是影响官员为政和政治清明的主要因素。所以，“慎”作为传统政治美德的实践也相应地表现在对以上几种关系的协调和处理上。

首先，谨慎处理上下级之间的关系。在中国传统政治中，王权始终是至高无上的，君主具有裁决一切事务的权力。君掌握着臣的身家性命、功名利禄，君主个人意志的不确定性，使处于弱势地位的臣子

① （清）刚毅：《牧令须知·卷一·居官》。

“伴君如伴虎”，昨日还得君恩宠，今日却已深陷囹圄，所以臣子言谈举止应该小心谨慎，行为做事更要战战兢兢。同样，君主也不能忽视君臣关系。“夫君者，舟也；臣者，水也。水能浮舟，亦能覆舟；臣能辅君，亦能危君。”（《罗隐集·两同书·得失》）[①] 臣可以辅助君主实现统治，但也可以成为颠覆皇权的力量，所以君也要慎待臣下。由此，谨慎成为调节君臣关系的重要道德规范和原则。

传统社会上下级官员之间存在着严格的等级界限，谨慎遵守上下尊卑秩序，不越权、不越位，“君子思不出其位”（《论语·宪问》），“不在其位，不谋其政”（《论语·泰伯》），是上下级官员和谐共治的前提。上下级关系是否融洽是官员存身官场的根本，也是关系到政令是否有效施行、政治是否清明的关键因素。由此，《逸周书·程典解》提出“慎德”“躬恕”“慎下”“敬上”的方法。然而谨慎并不意味着唯命是从，毫无主见，而是应该有勇、有义、有节，有所为有所不为，正如清代颜氏所倡《三十六字官箴》[②] 中所提到的，刚正不阿、不谄媚上司、不舞弊下属才是为官清慎之道。

其次，谨慎处理同僚之间的关系。在中国传统的人伦关系社会中，官员之间的关系十分复杂，官场中帮派林立，帮派之间壁垒森严、矛盾重重。初入官场一旦站错队伍，开展工作就会困难重重。官员之间暗藏着连带关系，彼此相处也总是有不可言说的潜规则，为了权力和利益互相嫉恨、猜疑甚至打压、迫害。官员身处其中，稍有不慎就会将自身置于矛盾的集合点：或粗疏鲁莽，到处树敌；或受人笼络，同流合污。所以为官应该“气象切忌激昂，言辞定要谦逊”（石成金：《嘉官捷径·铭心纪要》），“严刚勿暴，廉而毋刖，毋复期胜，毋以忿怒夬”（《睡地虎秦墓竹简·为吏之道》）。谦逊严谨、戒骄戒躁、宽恕平和、不与人结怨才是谨慎为官之道。

然而，谨慎为官并不是在官场复杂的关系网中左右逢迎、到处讨好、欺上瞒下，而是“寡怨宽裕而无阿”（《荀子·君道》），不阿党、

① （唐）罗隐：《罗隐集》，雍文华校辑，中华书局1983年版，第272页。

② 《三十六字官箴》的具体内容为：“吏不畏吾严而畏吾廉，民不服吾能而服吾公，公则民不敢慢，廉则吏不敢欺。公生明，廉生威。”

不偏私、有原则、有气节，如王夫之所说，“慎者，畏其身入于非道，以守死持之而不为祸福利害所乱”。为官所谨慎的是行为符合道义，而不是单纯地为一己私利趋炎附势、结党营私。

再次，谨慎处理官员与亲友之间的关系。官员具有人的角色的多重性，在朝为官，在家为父、为夫、为子、为兄、为弟，在社会交往中为友。正如费孝通先生所言，中国传统社会是一个以私人为中心而形成的一个复杂的关系网，在这个网中人们交往的方式是攀关系、讲人情。[①] 官员身处其中，必然无法逃脱社会整体的交往规则，况且官可以“平章百姓”（《尚书·尧典》），其职责是管理百姓事务，具有一定的权力，自然会有所谓的亲朋好友“登门造访”，导致官员为政不公、徇私舞弊。所以官员应该谨慎处理政务与亲情的关系，“不为亲戚故贵易其法”（《管子·禁藏》），秉公为政、不徇私情。更要谨慎交友，唐太宗写有《百字敕》教导官员“交有德之友，绝无益之友”。《居官事宜》提出“居官以寡交为第一要法”（石成金：《居官事宜》）。《佐治药言》提出“慎交”[②] 药言。为政者权力在身，难免会有人“逢迎”或“嫉妒”，所以居官者应以慎私亲、慎交往为要。

最后，谨慎处理官与民的关系，官民关系一直都是传统政治关系中的一个重要组成部分。历代的政治思想家看到了民众的力量，“民为邦本，本固邦宁”（《尚书·夏书·五子之歌》），“君以民存，亦以民亡”（《礼记·缁衣》），民关系到君、国的安危存亡，所以在对君民关系得出“民贵君轻”（《孟子·尽心下》）的认识基础上，主张谨慎处理官民关系。“怨不在大，可畏惟人，载舟覆舟，所宜深慎”（《贞观政要·君道》），为政者对民众应该保有敬畏之心。在态度上，临民以慎，“无轻民事”（《尚书·太甲》），“使君无得罪于民”（《晏子春秋·内篇谏上》）；在具体的治民措施上，谨身爱民，慎取民财、使民以时、用民有度。

（三）政治活动施行之慎

“慎”之为政治美德，主要是政治主体从事政治活动时所实践的。

---

① 费孝通：《乡土中国》，上海人民出版社 2006 年版，第 22 页。

② （清）汪辉祖：《佐治药言》，上海商务印书馆 1937 年版，第 13 页。

"慎"贯彻于政治活动的全过程，表现为居安思危的慎政意识、兢兢业业的慎政作风、防患未然的慎政能力和谨慎权衡的慎政智慧。

首先，居安思危的慎政意识。《周易·系辞下》有言："子曰：'危者，安其位者也；亡者，保其存者也；乱者，有其治者也。是故君子安而不忘危，存而不忘亡，治而不忘乱，是以身安而国家可保也。'"为官应该以安危存亡为系，居安思危，警醒自我，警惕灾害祸患的发生；并且将这种慎政意识贯彻始终。清人郑端撰《为官须知》有言："谨始，事必谋始。"清人石成金在《居官事宜》中也说："谨始……当即立志，要做好官。"唐吴兢著《贞观政要》"慎终"篇有"克终允德""以善自终"官箴，元张养浩著《牧民忠告》也主张"慎终如始"。意在说明，为官者无论在政治活动的初始阶段还是其结束阶段，都必须小心谨慎、战战兢兢、自警自戒、慎始慎终。

其次，兢兢业业的慎政作风。为官谨慎应该实实在在地将执政行动付诸实践，踏实肯干、戒浮戒虚、戒推戒拖，戒除敷衍了事。吕坤在《呻吟语》中有言："居官有五要：休错问一件事，休屈打一个人，休妄费一分财，休轻劳一夫力，休苟取一文钱。"做事小心谨慎、认真踏实是官员为政的必备条件。《睡地虎秦墓竹简·为吏之道》主张"审当赏罚"，《州县事宜》中有言"审理词讼，事无大小，必需公详慎"①，吕坤在《居官十经》中主张"慎于狱事"，亦有政治思想家谏诤君主以德、量、才慎选贤才，② 对民之教化更应该"谨庠序之教，申之以孝悌之义"（《孟子·梁惠王上》）。政无轻重、事无大小，无论在赏罚、理讼、治狱，还是在选贤、用人、教化等政治活动中，都应该一丝不苟、审慎得当。

再次，防患于未然的慎政能力。未雨绸缪、见微知著、谨慎防范是为官的一种慎政能力。"明者慎微，智者识几"（《刘子·慎隟》）③，要防患未然，就应该谨小慎微。因为"凡大事皆起于小事，小事不论，大事又将不可救。社稷倾微，莫不如此"（《贞观政要·政体》）。祸患

① （清）田文静、李卫：《州县事宜·听断》。

② （明）刘斌：《复仇疏·明经世文编》卷二十三。

③ 王叔岷：《刘子集证》，中华书局 2007 年版，第 153 页。

都始于微小，谨慎微小是防患于未然的前提。“不可轻微恶而不避，无容略小善而不为。理敦杜渐之方，须有防萌之术。”（《贞观政要·规谏太子》）只有谨慎关注事态的微小变化，并对其发展趋势做出理性的分析和及时的预测，小心部署、谨慎谋划，才能避免祸患的发生。

最后，谨慎权衡的慎政智慧。《管子·枢言》有言：“慎贵在所先所后。”程颢在《论王霸札子》中曰：“事有大小，有先后；察其小，忽其大，先其所后，后其所先，皆不可以适治。”为官者在从事政治活动过程中应该“论轻重之序，慎测浅深之量，以别之”（《礼记·王制》）。具有知先后，别轻重、利害，然后谨慎取舍的慎政智慧。更要分清轻重缓急，以最急迫需要解决的事务为先、为重。“知者无不知也，当务之为急……尧舜之知而不遍物，急先当务……”（《孟子·尽心上》）这样才能提高办事效率，不因事务繁杂而使政务废弛。

第四章　慎德的价值审视

慎德在传统文化中的特殊性和重要性，使其在历史上产生了重要影响。本章欲对传统慎德思想的价值作以探讨，通过批判性的反思吸取传统慎德的精华，并同当代社会发展的时代特点相结合，挖掘传统慎德的现代价值，重塑慎德思想的时代内涵，寻求当代社会慎德培养的途径，发挥其指导现实生活的作用。

一　慎德的历史影响

传统慎德观是在西周社会特定的经济、政治、文化背景之下产生的，先秦儒家思想将其作为美德进行阐扬，从而奠定了谨慎的美德传统，对传统中国人的人格塑造、人与人之间交往伦理的形成、官员的政治道德修养都产生了积极的影响。复杂的社会状况、频仍的政治斗争、险恶的生活处境也是传统人所面临的另一方面社会常态，经过几个战乱时期，直至宋元明清时期，慎的作用发生了异变，成为躲避危险和政治伤害的极端化手段。综观中国历史，“慎”作为美德和作为趋利避害、保存己身的功利性手段的双重作用始终并存，所以它在中国历史进程中的影响也是双重的。

（一）慎德与个体人格塑造

塑造理想的道德人格是儒家伦理学的主要任务之一。由于这个良好的初衷，儒家对慎进行了美德设计，将“慎”置于儒家的道德体系中，与中国特有的道德精神相结合，并以此作为指导实践的行为准则，对于中国人“遵礼守序”“节制坚忍”“平静温和”的人格特质的形成产生了积极的影响。[①]

首先，“遵礼守序”的规范意识。“礼仪三百，威仪三千”（《礼记·中庸》），整个中国传统社会的等级秩序是通过“礼”来实现的。“礼”的精神实质是“分”与“和”，“礼”即区分了尊卑、贵贱、长幼的等差之别，又规定了处于不同地位、拥有不同角色和身份的人所应遵从的规范，通过各司其职、各守其分，达成人伦秩序的和谐。“礼”要内化为人的行为准则，成为人自觉遵守的规范，具有对“礼”的敬畏意识，在行为中一丝不苟、严格守礼，是十分必要的。所以礼是外在的规范，慎是对待规范的敬畏意识和行为表现。“君子之于礼也，有所竭情尽慎”（《礼记·礼器》），态度不认真、不严肃，行为不谨慎的人，礼对于他来说就形同虚设，所以慎是在对“礼”的精神和规范主观认同的基础上，在行为中自觉表现出来的“非礼勿视、非礼勿听、非礼勿言、非礼勿动”（《论语·颜渊》），“戒慎乎其所不睹，恐惧乎其所不闻”（《礼记·中庸》），严肃、庄重、自我克制、谨慎守礼的行为。“遵礼”就必然“守序”，严格遵守尊卑、贵贱、等差秩序，不敢僭越等级区分，不做违反等级秩序的事情，不敢越雷池一步，谨慎遵守人伦之别。所以，倡导“慎德”，对于中国人在几千年的礼制传统的规范、约束下，小心谨慎、严肃认真，形成“遵礼守序”的规范意识，塑造“爱秩序”[②]“懂礼貌”[③]的“礼仪之邦”[④]，发挥了积极的作用。

其次，“节制坚韧”的意志能力。“慎德”作为道德意志是通过控制情绪、节制欲望，使言行合宜、符合道德要求；凭借对目标的追求和努力，能够在艰难困苦中不退缩、坚强、忍耐、坚定执着。儒家倡导“慎德”，通过个体的长期实践，将“慎德”的这种意志精神内化于人，培养了中国人“节制坚忍”的性格特质。传统慎德主张“君子慎其所以激者”（刘向：《说苑·敬慎》），“不可乘喜而轻诺”，“不可乘快而多事”（洪应明：《菜根谭》），意在说明，无论在什么时候，人都应该

---

① 关于慎对中国国民性的影响部分参见笔者拙文《论慎对中国国民性的影响》，《理论界》2010年第11期，第136—138页。

② ［荷］施列格：《天地会研究》，商务印书馆1940年版，第42—43页。

③ ［英］呤利：《太平天国革命亲历记》，中华书局1961年版，第88页。

④ 鲁迅、林语堂、傅斯年等：《看不懂的中国人》，新世界出版社2008年版，第64页。

尽力节制自我、控制情欲，才能无败事、免祸患。所以中国人做事习惯三思而行，抑制冲动的情绪、浮躁的心理，踏实稳重，崇尚节俭、反对穷奢极欲。坚韧是随节制而拥有的品质，儒家将孔子“饭疏食，饮水，曲肱而枕之，乐亦在其中矣”（《论语·述而》）和颜回“一箪食，一瓢饮，在陋巷，人不堪其忧，回也不改其乐”（《论语·雍也》）的这种在艰苦的环境中依然能够节制自身、坚持忍耐、保持乐观向上的积极心态称为“孔颜乐处”。这种精神就是“坚忍”，是抑躁心、忍性情的慎处工夫。慎作为一种“节制坚忍”的意志能力，在“文王拘而演周易，仲尼厄而作春秋；屈原放逐，乃赋离骚；左丘失明，厥有国语”（《汉书·司马迁传·报任安书》）的精神中得以展现，使中国人不苛刻于外在环境，在困境中能够坚强不屈、隐忍求变。“需。有孚，光亨，贞吉”（《周易·需卦》），中国人坚信在艰苦的环境中耐心地等待，必然能够有所收获，但等待不是消极的，而是耐心、冷静、谨慎、运用智慧去寻找新的生机和希望。

最后，“平静温和”的处世态度。《易经》中有言：“天行健，君子以自强不息，地势坤，君子以厚德载物。”乾和坤是中国传统道德的起点，刚柔相济是中国人道德修养所追求的理想状态。“坤至柔而动也刚，至静而德方”（《周易·上经》），坤所具有的道德品行是柔与静。“仁者静”（《论语·雍也》），在提倡仁爱道德的中国社会，静成为仁者所应具有的品德。人们在不断地进行道德塑造的过程中，尚静成为传统。《尔雅·释诂》中以“慎释静”，在某种意义上，静就是慎，慎就是静。“知止而后有定，定而后能静，静而后能安，安而后能虑，虑而后能得。”（《礼记·大学》）“冷静才能客观、缜密、谨严”①，慎使人表现出静的品质。李大钊认为：“东方人之日常生活，以静为本位，以动为例外。”② “在真正的中国人性类型中有这样一种气质：从容、镇定、历经磨难后的成熟，如同一块千锤百炼的金属。”③ 正因为这种静

① 朱光潜：《谈修养》，广西师范大学出版社 2008 年版，第 78 页。

② 鲁迅、林语堂、傅斯年等：《看不懂的中国人》，新世界出版社 2008 年版，第 218 页。

③ 辜鸿明：《中国人的精神》，载《中国人三书》，北方文艺出版社 2006 年版，第 210 页。

慎使中国人在为事时，不冲动、不盲动；与人相处时，少与人争，恬静淡定。梁漱溟先生认为中华民族精神——理性[①]，是平静通达的心理[②]，此理性又是清明安和之心[③]。所以中国人有尚静的传统，就必然形成心平气和、处世温和的人格特征。《尚书·尧典》中有言："百姓昭明，协和万邦。"《中庸》说："致中和，天地位焉，万物育焉。"民间俗语有言："家和万事兴。""和"不仅是中国人所追求的理想生活状态，也是中国人为人处世的方式，个体修养心身和谐、家庭成员和睦相亲、与人相处以和为贵。

中国人在培养慎德的过程中，抑制了鲁莽、冲动、盲动、骄横的人格倾向，有利于形成"遵礼守序""节制坚韧""平静温和"的人格特质。但也由于过于谨慎对中国人性格的形成造成了相当的消极影响，对权威取向的畏惧服从，促使中国人形成了保守封闭的人格特征。

韦政通先生认为崇古取向形成了中国人的保守性人格，[④] 文崇一先生认为权威与传统的价值取向使中国人形成了保守性的权威人格。[⑤] 孙隆基先生认为"社会"对"个人"的集权主义笼罩使中国人不敢张扬个性。[⑥] 诚然，集权的政治环境、对古代的向往、对权威的顺从造就了中国人的这种性格，但这种性格的形成应该经历了一个过程，即个体与集权、权威等社会环境不断进行调适的心理过程，慎就是这个过程中个体所具有的不可缺少的心理因素。"慎思之"（《礼记·中庸》），慎是一种权衡和反思。在中国传统社会，人会经常面临着人己、情理、利弊、公私之间的冲突，而选择的最终目的则是如何能在人伦社会、权威社会中安然处之。儒家的教化和法家的重法思想，使中国人在权衡反思的过程中，逐渐形成了一种对权威、传统的心理认同，通过自我制约而形成与社会环境的"和合"。道家思想在这个过程中起到了推动性的作用，其"保身全生"（《庄子·养生主》）的思想成为中国人在极端环

---

① 梁漱溟：《中国文化要义》，上海人民出版社 2003 年版，第 155 页。
② 同上书，第 145 页。
③ 同上书，第 154 页。
④ 李亦园、杨国枢：《中国人的性格》，凤凰出版集团 2006 年版，第 29 页。
⑤ 同上书，第 46 页。
⑥ 孙隆基：《中国文化的深层结构》，广西师范大学出版社 2004 年版，第 227 页。

境下的一种苟存方法，“慎女内，闭女外，多知为败”（《庄子·在宥》），从而使中国人向着保守封闭的性格发展，一发不可收拾。北宋时期，“存天理，灭人欲”对中国人个性的禁绝，使人们意识到为保全自身，与其平衡反思，还不如谨慎依顺，“勿视，勿听，勿言，勿动”，不冒险、不主动、不交流。所以保守封闭在中国传统社会是个体与社会环境谨慎调适过程中无能为力的一种极端化表现。“中国社会风尚注重保守，普通都以‘先王’、‘古法’、‘祖先’为最珍贵，并不问对于当前环境能否适合”[①]。中国人固封在自己人的小圈子里而不肯走出，不愿接受新生事物，固执己见，“老死不相往来”，都是保守封闭的国民性格的体现。正因为这种人格倾向，使中国人在做事的过程中畏首畏尾、思前想后，谨守“以冒险为大戒，以柔弱为善人，好铁不打钉，好男不当兵”[②]之谚，“不敢行，不敢为主人”（《孙中山·建国方略》），不敢轻举妄动，缺少进取意识，更没有拼搏冒险的精神，凡事看个轻重利害，将一己之利作为当为、不当为的标准。

（二）慎德与交往伦理形成

中国人从一出生就处于各种各样、错综复杂的关系当中，要在各种关系中安身立命，实现自身的价值，就必须遵守关系社会的法则，谨慎处理与不同人之间的关系。当人们在人伦交往过程中自觉地应用谨慎的交往心理和行为方式时，促进了以他人为重的交往伦理的形成。慎德对交往伦理形成的积极影响主要体现在：“仁”——“修己安人”；“敬”——“卑己尊人”；“让”——“克己从人”三个方面。

首先，“修己安人”的“仁爱”情感。“仁者，爱人”，仁是一种情感，最初产生于子女对父母的亲爱之情，由于这种情感的力量，“弟子入则孝，出则悌，谨而信，泛爱众，而亲仁”（《论语·学而》）。“父母既没，慎行其身，不遗父母恶名，可谓能终矣。”（《礼记·祭义》）为人子者，在父母生时谨慎孝悌，父母去世，也谨慎修身，通过自身道德修养的完善来报答父母之恩、显耀父母名声、表达对父母的仁

① 沙连香主编：《中国民族性》（一），中国人民大学出版社1989年版，第189页。
② 同上书，第63页。

爱之情。“仁者，人也”，仁爱又由己及人扩展到人与人之间普遍的人际交往情感。由于对这种情感的珍爱，每个人都克除自身的恶习、缺点，以免给他人造成伤害，即“己所不欲，勿施于人”（《论语·颜渊》），进行自身修养的目的，也是为了给他人、社会带来益处，即“己欲立而立人；己欲达而达人”（《论语·雍也》），谨慎成为人伦交往过程中“修己安人”的道德要求。慎德的发挥在“修己安人”的人际交往模式中也强化了人与人之间的仁爱之情，如在祭祀活动中，对各种礼节仪式的谨慎遵守，修己行礼培养对先祖的敬爱之情；在侍奉父母的过程中，“必慎唯诺”（《礼记·曲礼上》），修己奉亲，培养对在世父母的亲爱之情。与人交往，慎言、慎行，培养友爱待人的情感。

其次，“卑己尊人”的“敬重”意识。敬重是基于伦理上下关系而产生的一种道德理性和意志。① 作为人伦伦理的表现方式首先在于“尊人”，是对他人尊长、权威地位的崇敬，对其道德修养和学识的认可。家庭生活中表现为尊上敬长，“为人上者，奈何不敬”（《尚书·夏书·五子之歌》），“立敬惟长”（《尚书·伊尹》）；政治活动中表现为以民为重，“敬慎威仪”（《诗经·大雅·生民之什》）；与人相处中表现为尊师尊友，“我友敬矣”（《诗经·小雅·鸿雁之什》），“尊师重先生之道”（《白虎通义·卷四·辟雍》）。“敬重”更在于卑己，正确看待自己，知道己不如人，进而表现出谦卑、恭敬的与人交往态度。由此能够时刻警惕刚愎自用、骄傲自满的心理，戒除妄自尊大、自我夸耀的行为表现，与人相处“厚人薄己”“尊人卑己”。谨慎在“自卑尊人”的人伦交往模式中是建立在对人己关系的清醒认识，对人、对己理性地衡量、比较基础上所做出的自我约束、自我限制之举。如孔子所言：“其在宗庙朝廷，便便言，唯谨尔。”（《论语·乡党》）孟子说：“必敬必戒，无违夫子！”（《孟子·滕文公下》）恭敬、尊重的心理要在谨慎的行为中体现，谨慎的思想和行为也不断地实践着敬重的道德原则，进而内化于人，成为与人交往过程中相对稳定的道德品质。

最后，“克己从人”的“礼让”之举。相对于“修己安人”“卑己尊人”，“克己从人”在人伦交往中具有一定的消极性，不是通过自我

---

① 肖群忠：《道德智慧十五讲》，北京大学出版社 2008 年版，第 189 页。

修养的积极努力而助益于人己关系，而是通过克制自身，对自身意见的保留、自身权利的放弃而避免与人的纷争和冲突。《字汇》有言：“先人后己谓之让。”“在世俗的功名利禄面前能够先人后己，退让不争。”[①]传统儒家将让而不争作为处理人己关系的美德。“君子无所争，必也射乎！揖让而升，下而饮。其争也君子。”（《论语·八佾》）孔子以辞让不争为君子与人之道。“无辞让之心，非人也。”（《孟子·公孙丑上》）孟子则将“辞让”作为人的根本。“故凡得胜者必与人也，凡得人者必与道也。道也者何也？曰：礼让忠信是也。”（《荀子·强国》）荀子也认为行礼让是得人制胜之道。儒家“让而不争”还有“依从”“不争执”义，即顺从他人意见，不轻易与他人起纷争。孟子曰：“善与人同，舍己从人，乐取于人以为善。”（《孟子·公孙丑上》）舍弃自己的主观好恶，依从他人之善，就是礼让之举。儒家“让”依“礼”而行，何时让、以何种方式让以礼为标准，何者让、何者不让又以善恶、是非为取舍原则。“慎德”能够清醒、理智地认识人际关系，并识别礼让他人的时间和场合，清楚什么样的礼让之举是符合礼制规范、道义原则的。在这种理性认识的指导下，克制自身对欲、利的追求，克服好为人先的冲动，去除盲目自大的心理，谨慎言行，约束自身，和善相处，少有纷争，有助于中国人在人伦交往中形成“克己从人”的“礼让”道德风尚。法国人杜赫德在《我所知道的中国人》中引用了付圣泽神父的一个例子来证明中国人的彼此恭敬和善：“一天，我走在一条狭窄的长巷里，突然许多马车把路堵住了。我原以为他们会像欧洲人那样大发脾气、用脏话骂人，甚至还会打架。但是，令我惊讶的是，他们互相致意，温良恭敬地说话，就像是老朋友一样。然后大家互相帮助顺利通过。”[②] 这便是中国人与人交往时克制、谨慎、恭敬、礼让的生动写照。

然而，我们也不能忽视“慎”作为思维习惯和行为方式，在中国人的长期运用中，由于对其不能合宜适度地把握，在人伦交往过程中所产生的消极影响。

---

① 唐少莲：《儒家“让”德批判——兼及“让”德与和谐社会建设》，《道德与文明》2008年第5期，第61页。

② ［法］杜赫德：《看不懂的中国人》，载鲁迅、林语堂、傅斯年等《看不懂的中国人》，新世界出版社2008年版，第13页。

第一，过“慎”，促进相互猜疑的交往心理的形成。费孝通先生将中国人相互之间的关系用“差序格局”[①] 的模式来表示，即中国社会是以个体为中心，依亲疏、近远而逐渐推开的波纹而组成的关系网。人们在采取交往行动时，首先要“论轻重之序，慎测浅深之量，以别之”（《礼记·王制》）。对待不同的人应采取不同的交往方式，亲者远之、远者近之，总会让人提起警觉谨慎的神经，考虑行为人的真正意图是什么。慎演变成为人们相互猜疑的交往心理也离不开“家”的因素。“家”是中国人伦交往模式形成的源头，“家”虽然可以不断地推延，使中国人“亲如一家”，但也为中国人相互交往设置了心理屏障。超出了“家”的范围，人们不再是“同心恩笃”，而是“异心疏薄”，“疏薄怨恨，毁伤其行”（《论衡·累害篇》），所以与人交往不得不谨慎。“不同姓，勿相劝”，于是在与不属一家、与己疏远的人交往时谨慎就演化成为猜疑，总认为人们之间非亲非故，对己亲善必另有所图。史密斯先生在其《中国人的气质》中将“猜疑”作为中国人的特征之一，并阐明说：“如果一个人来自‘外国’，甚至来自‘外’村，都会遭到排斥。如果一个外人，没人知道他从哪儿来，也没有人知道他想干什么，那么大家就会说‘谁知道这个家伙葫芦里卖的什么药?’看到新来乍到的人，谨慎的中国人内心里便会生出这样的疑问来。”[②] 谨慎本应该是有根据、有理由的审慎思考，可当人们百思不得其解的时候，就开始想象着多种多样的可能性，加之，这种谨慎与中国亲疏有别的人伦交往模式相结合，就形成了不折不扣的猜疑心理。正因为这种猜疑心理，使中国人拒新生事物于千里之外，固执保守，难以进步；彼此之间妄自揣度，不团结，难以形成同心的力量。[③]

第二，过“慎”，促使相互冷漠的人伦氛围的形成。冷漠是由于与人相处过于谨慎而造成的情感的缺失，致使人与人彼此不关心、不同情，对他人的痛苦和艰辛熟视无睹，进而在行动上采取的消极不作为。尽管“慎德”的伦理精神倡导与人相处应该真诚、仁爱，通过“薄己

---

① 费孝通：《乡土中国》，上海人民出版社 2006 年版，第 20 页。

② ［美］明恩溥：《中国人的气质》，刘文飞、刘晓旸译，上海三联书店 2007 年版，第 191 页。

③ 参见笔者拙文《论慎对中国国民性的影响》，《理论界》2010 年第 11 期，第 138 页。

厚人”“克己从人”“修己安人”以实现人伦之间的和谐。然而，“慎德”永远都无法规避人“趋利避害”的功利性目的，面对着人伦的复杂性、人性所表现出的多样性，“慎”成为人与人之间疏离、防备的手段，“害人之心不可有，防人之心不可无”，成为人与人相处所奉行的原则。如史密斯所描述的中国人缺乏同情的事实一样，“一艘外国汽轮在扬子江上着火，岸上挤满了观望的中国人，但没人营救落水的乘客与船员”。“旅行者身陷泥泞，无法脱身，周围聚拢了袖手旁观的中国人。”[①] 中国人在对他人危险之际表现出的麻木、冷漠、无动于衷，很大成分上是因为他们害怕救助他人的行为会给自己带来不利，唯有“事不关己，高高挂起”、无所作为，才能减少麻烦，避免给自己造成损失。所以，在传统社会，倡导“慎”之美德，也未能避免不正确地运用“慎”而产生的流弊，使人与人之间冷漠相处、彼此疏离成为普遍的人伦社会现象。

（三）慎德与政治环境构建

早在西周时期，周公就倡导君主为政应该谨慎，为臣更应该兢兢业业、敬慎清谨，奠定了“慎”作为君主和臣子的政治美德传统。后世政治局势复杂多变，面对着政治变动，为政者更加倡导战战兢兢、清谨为政的政治美德。经过思想家们的阐释，“慎”作为政治美德已成为具有丰富理论内涵的美德体系，并为历代为政者实践，对中国传统社会政治环境的构建产生了积极的影响。

首先，有利于形成正己正人的示范效应。

中国素有贤人政治和以吏为师的传统。“在远古，氏族首领必须以身作则，智勇谦让超出一般，才能被选，并且他还必须对氏族命运负责，遇有灾难，他必须首先‘检讨’，或者下台。”[②] 官不仅是社会治理的主体，更是道德行为的楷模。《礼记·大学》中有言：“凡人君之身者，乃百姓之表，一国之的也。表不正，不可求直影；的不明，不可责

---

① ［美］明恩溥：《中国人的气质》，刘文飞、刘晓旸译，上海三联书店2007年版，第157—158页。

② 李泽厚：《中国古代思想史论》，生活·读书·新知三联书店2008年版，第22页。

射中。今君身不能自治，而望理百姓，是犹曲表而求直影也；君行不能自修；而欲百姓修行者，是犹天无的而责射中也。”官无德，不可以教民；官无德，不可以纯风；官无德，不可以扶众。“慎”作为政治道德，首先强调“官员”自身重视道德修养，谨言慎行、谨慎独处、慎用权力，有利于塑造廉洁戒慎、清谨勤政、为官正直的官员形象，实现正己正人，为百姓树立良好的道德典范，形成上行下效的道德示范效应。

其次，有利于建立和谐稳定的官民关系。

官民关系是决定政治稳定的关键因素。中国历史的发展进程表明：一个稳定的朝代，官民关系必是和谐稳定的；官逼民反，王朝必然短命而亡。西周时期，“慎”之所以作为政治美德而被提倡，是因为夏桀、商纣苛刻于民、暴虐无道，使得民众推翻暴君统治，结束了残酷的夏商王朝统治。西周统治者意识到了“民”的强大力量，并认为“天命”会因为“民命”而改变，民意可以决定王朝的兴衰存亡，所以为政者必须谨慎待民，经过历代统治者的实践，谨慎处理官民关系成为为政者的主要政治行为，也使“谨慎”成为治民、待民的政治美德。封建社会，官与民是统治与被统治的关系，时刻都可能剑拔弩张。统治者以“民之父母”的身份出现，通过自身的谨慎努力，消解与民的紧张关系。传统慎德倡导为政者敬畏民众的力量，警惕民怨、重视民事，谨身节用，使民以时、用民有度、与民休息，在一定程度上缓和了官与民的关系。虽然官民矛盾不可调和，但具有刑杀、奖罚权力，占有至高地位，掌握权势、财富的官员能够进行自觉收敛、自我克制，励精图治、兢兢业业，勤勉清廉、爱民为民，对建立和谐稳定的官民关系产生了深远的影响。

最后，有利于构建清慎廉明的官场氛围。

“中国的政权是信托政权，信托政权的特征是民众对政府是放任和期待，而不是监督和审视。因此中国政治精神重在道义上的互勉，并已成为一种历史惰性。”① 一方面，由于政府及管理者拥有政治权力；一方面由于民众对政府的寄托和期许，官员修养依靠个体自觉，而没有强

① 钱穆：《国史新论》，生活·读书·新知三联书店2001年版，第11页。

有力的监督机制：腐败成为中国政治始终伴随着的问题而挥之不去。官员之间为了争夺利益，可以互相勾结利用，也可以互相打压陷害，官场氛围黑暗险恶，妒贤嫉能、弱肉强食、陷害忠良的现象时有发生。倡导谨慎为政虽未从根本上根除腐败存在的痼疾，但可以时时对为官者进行鞭策，减少腐败发生的可能性。倡导"谨慎"的政治美德可以使官员辨明善恶，不断进行为善去恶的道德努力；分清利弊，杜绝唯利是图、轻举妄动；警惕盈满，时刻检省自我；敢于负荷、尽职守份；识人识己、克己修身、诚善待人。有效地遏制了官员为争夺名利肆无忌惮、骄奢淫逸的行为，有助于官员存身官场、避免祸患、坚持忠义节气，塑造了一批批"埋头苦干的人""拼命硬干的人""为民请命的人""舍身求法的人"（《且介亭杂文·中国人失掉自信力了吗?》），对于提升官员道德素养、淳化官场风气有积极的影响。

儒家将"慎"作为官员为政应具备的美德，对于塑造官员形象、增强官员修身自律、稳定官民关系、增强官员责任意识、优化官员之间的关系、净化官场环境产生了积极的作用；然而"慎"也被官员极端化应用，作为官场运作、权势争夺、推卸责任、躲避政治风险的手段，产生了极为消极的影响。

黎鸣先生在其《中国人性分析报告》一书中，深刻地描述了中国的官场潜规则，以及官场中官员之间争夺、残杀的惨烈状况，"官场的理性或公开宣扬的宗旨是社会公正、正义，是普遍地维护社会中一切人，或至少社会中大多数人的利益。官场的非理性或潜在动机则是损人利己，踏着别人的头颈往上爬，甚至以别人的鲜血染红自己的顶子。因此官场中人既善于冠冕堂皇地表白自己的'高尚的'情操，以便取得上司与众人的垂青和认可，又必须善于审时度势、随机应变，脸上要软要顺，心里要硬要狠。官场既是戏场，又是战场，既要会逢场作戏，更要会真刀真枪。"① 官场情状，古今同然，和平时期，明争暗斗，战乱频仍，更是斗争惨烈。所以谨慎对于每一位官场中人都是必要的。然而，"慎"作为官场美德却在复杂的官场环境中发生了异化，成为逃避政治责任、躲避政治风险的极端手段。儒家倡"慎"为官员美德本义

① 黎鸣：《中国人性分析报告》，中国社会出版社2004年版，第81页。

是使官员形成先人后己、薄己厚人、克己恕人的良好作风。慎不是一味地忍让和迁就，儒家为其设计了基本的道义原则，有所为有所不为。然而在复杂的官场中，权势、名利、安危代替了道义原则，使“慎”成为存身官场、追名逐利的功利化手段。由此，官员谨慎表现出的是对上谄媚、顺从，不敢发表自己意见，不按原则办事，“宁顺从以保吉，不违忤以受害”（《史通·直书》）[①]；甚至不作为、互相推诿，由此来放弃自己的职责、逃避为官的责任，“假回邪以窃位，持谄媚以偷荣”（《史通·直书》）[②]。官场的规则是“枪打出头鸟”“露头的椽子先烂”，所以平时做事不敢张狂，更不能锋芒毕露，不敢坚持道义，挺身而出。如此对“慎德”的异化，塑造了一批批在官场中左右逢迎、有事好商量、无原则、遇事退缩、推卸责任的官员形象，严重影响了官员的道德建设。

清醒、冷静的理性智慧，是先秦儒家传统“慎德”的主要内涵，要求人在做事时沉着、冷静、细密部署、认真谋划，不盲动、不冲动，这种理性的智慧以“诚”“仁”“忠”“信”等情感因素为前提，失去了情感因素，谨慎也就成了虚伪和狡诈。儒家倡导“慎德”，目的是使官员运用这种具有理性智慧的美德达到安民治政的目的，然而在残酷的官场斗争中，“慎”被去除了应有的情感内容，运用到了官场斗争中，成为彼此斗争、争夺残害的诈谋之术。官员之间相处遮遮掩掩、半真半假、“逢人只说三分话”、似笑非笑、绵里藏针，温和的外表之下深藏着一颗让人难以琢磨的内心。谨慎谋划的不是如何有效地完成政事，而是考虑结成什么样的权力网，怎样利用他人会使自己获益最大，以什么样的方式打压对手、陷对方于不义、置对手于死地，怎样才能出奇制胜、杀人不见血。由此，“慎德”被异化，官场的斗争愈加激烈，官场中人表面谦敬礼让、和善相处，实则暗藏杀机，居心叵测的双重人格至今仍成为政治文明建设进程中难以挥去的痼疾。

总体来看，传统慎德对个体人格塑造、交往伦理形成、政治环境构建有着积极作用，但其消极影响也是不容忽视的。对传统慎德的历史作

① （唐）刘知幾：《史通》，曹聚仁校读，梁溪图书馆1926年版，第167页。
② 同上书，第168页。

用进行评价，必须两者兼而论之，不能只看一点，不及其余。

二　慎德的现代价值

现代社会，市场经济高速发展，经济、政治、文化等各个领域的发展都异彩纷呈，置于人眼前的是一个全新的世界。当代人所面临的是一个竞争的时代、充满挑战的时代、不断追求个性发展和不断实现自我超越的时代。当代人从传统人伦关系中走出，成为独立的个体，在这样一个多元、多变、丰富多彩的世界中孤身奋战，更加崇尚抗争、无惧、拼搏、敢于冒险的精神。而谨慎的美德则被人淡化，更有人认为谨慎无用。谨慎无用论是对谨慎的偏见和误解，没有形成对谨慎的正确认识。所以，在阐述“慎德”的当代价值之前，有必要先纠正现代人对谨慎的认识误区。“谨慎过时论”是相当一部分人的观点，人们在瞬息万变的市场竞争中看到了突发奇想、投机倒把能获得更大的利润和社会的认可，而三思后行、中规中矩的行为方式在市场竞争中则存在一定程度的滞后性。“不入虎穴，焉得虎子”的冒险行为和下海淘金的尝试性实验更是让一些人一夜暴富；思前想后、谨小慎微，反而会贻误时机。然而谨慎并不排除敢于拼搏、勇于进取的精神。谨慎不是鲁莽，但也不是畏首畏尾，而是在面临机遇和选择时能够沉着冷静、审慎谋划、周严思考、当机立断。也有人持“谨慎无为论”的观点，人们常说一句话：“事做得越多，犯的错误就越多。”相当一部分人为了少犯错误、减少罪责，对自己职责范围内的事情退避三尺，该做也不做，这便是他们所谓“谨慎”。然而谨慎并不是什么都不做，而是积极有为，在行为中有原则、有计划、有思考，勇于承担责任，认真履行义务。

诚然，传统慎德经过三千多年的演变和异化，在历史上产生了正向和负向的双重影响。但我们不能盲目否定传统“慎德”、歪曲“慎德”，更不能因为时代的变迁遗弃“慎德”。正因为现代社会的高速发展，一切都变动不居、一切都不可预测、一切都难以琢磨，所以我们就更应该倡导慎德，沉着冷静、细致认真、节制自我、智慧谋划，才能减少因疏忽、草率而造成的损失，避免因鲁莽、冲动而遭遇的重创。传统“慎德”在瞬息万变的时代环境中对于塑造自我、和谐人际关系、维护社会文明秩序有着极其重要的现代意义。

（一）慎德有利于完善个体人格

哈贝马斯曾经说过："最初，或者说在18世纪末，曾经有过这样的一个社会知识和时代，其中预设的模式或者标准都已经分崩离析，鉴于此，置身于其中的人只好去发现属于自己的模式或标准。由此看来，'现代性'首先是一种挑战。"① "就内容来看，现代性意味着一种断裂，一种挑战。"② 中国社会转型期所面临的种种困境，根源就在于传统文明断裂、现代文明尚不成熟，而在个体人格上的表现就是"传统人格的'失效'"和"现实人格的'失范'"③。传统社会的个体习惯于在家庭群体中生活，在家庭群体中寻找到庇佑和安全。现代社会，传统家庭解体，每个人都要独立于世间，独自对自己负责，挺立起个体的责任，因此每个人又都是"孤离"的，所以"不得不警惕地面对生活的每一个时刻、每一个角落。感受到了空前的自由，但也感受到了前所未有的孤独和离散，以及伴随着这种孤独、离散所出现的焦虑、躁动、不安"④，因孤离而不安是当代人格的显著特征。从群体中走出的个人，"心"不知如何安放，找不到心灵的依归，无法确定自己的前途和方向，找寻不到自身应有的价值，虚幻、飘浮充斥着人的心灵。而物质的享受、感官的放纵却是他们弥补空虚的主要手段，穷奢极欲、挥霍放纵、沉浸于物质和感官的享受，严重损害身心健康，因虚浮而奢欲是当代人格的又一特征。充斥于当代社会的是追名逐利的思想，眼看他人致富，自己却囊中羞涩；眼看他人高官厚禄，自己却平淡无奇。于是按捺不住内心的渴望和冲动，盲目投资、鲁莽行动，投机取巧、寻找捷径，

① 包亚明主编：《现代性的地平线——哈贝马斯访谈录》，李安乐译，上海人民出版社1997年版，第122页。

② 王珏：《组织伦理——现代性文明的道德哲学悖论及其转向》，中国社会科学出版社2008年版，第169页。

③ "传统人格的'失效'"即"中国传统人格的缺乏独立性向度的依赖性状态已不能适应市场经济对独立性人格的要求"。"现实人格的'失范'"即"因社会改革和重组带来的种种道德冲突、价值困惑而导致的普遍性的边际人格乃至病态人格的生存状况"。参见余潇枫《哲学人格》，吉林教育出版社1998年版，第194—195页。

④ 高兆明、李萍：《现代化进程中的伦理秩序研究》，人民出版社2007年版，第171页。

因拜金而盲动也是现代人格的一大特征。当代人心中充满了焦虑、烦躁、紧张、恐惧等消极情绪，人格扭曲、病态，人类陷入了一场前所未有的人格危机之中。传统慎德作为冷静、周密、细致、认真的理性智慧，对于个体在多元、多变的世界面前保持清醒、睿智，抑制盲目和冲动，不因为浮躁、不安而影响个体的身心健康，认识自己、确证自我、完善个体人格具有极其重要的现代价值。

第一，有利于个体抵制诱惑、迎接挑战。

大千世界缤纷绚烂、五光十色，美丽壮观的世界中充满着无数的诱惑。有激励我们前进和求索的诱惑，亦有破坏道德、干扰生活、阻碍成功、危害身心健康的诱惑。加之，现代社会的高速发展和快速变化，刺激了人们追求物质、金钱、权势、地位、享乐的欲望，从而在不良诱惑面前失去自我，难以自拔。正如有人所说，诱惑就是“吸血蝙蝠”，是具有美丽外表的毒果，人在不知不觉中上当，感受诱惑带来的短暂快乐的同时也成为其俘虏，被其左右、受其伤害，付出沉痛的代价。传统慎德倡导谨慎辨明事物的不同性质，分清是非、善恶，并且谨慎抉择，去恶扬善，有利于现代人在各种诱惑面前保持清醒的头脑，修身自律，完善个体道德。

艰苦的生活环境、难以琢磨的社会机遇、高速发展的时代步伐、激烈的市场竞争、复杂的人际关系对现代人来说都是挑战。挑战是具有风险的机遇，抓住挑战，审慎应对，事半功倍，改变人生。与挑战失之交臂、疏忽大意，将一事无成、前功尽弃，所以挑战决定命运、审慎决定成败。迎接挑战首先是具有积极的心态，冷静地面对突如其来、猝不及防的挑战，坚信自身具有应对挑战的信心和力量，坚强和勇敢地应对挑战中的挫折和打击，有勇有谋，方成大事。所以面对挑战，需要的是理性分析，是智慧谋略，是审慎决策。

第二，有利于个体沉静心灵，养身健体。

现代社会的科技进步、经济发展，给人们的物质生活带来改变的同时，也产生了巨大的压力。生活水平提高了，可是生活却越来越艰难了，现代人背负着沉重的住房压力、高效紧张的工作压力、沉重压抑的生活压力。激烈的人才竞争以高学历、高智商、高资质，甚至丰厚的资金和人际关系网的支持为砝码。稍有不慎，就会被“优胜劣汰”的竞争法则所驱除。在这种状态中很多人做人做事往往是非理性的、随众的、情绪化的，甚至是盲目被动的。有人做事冲动，情绪和感情上来，就忘掉理智，无所顾忌、无所畏惧、什么都不在乎、什么都敢干，头脑发热的情况下做出过激的行为，后悔终生。传统慎德以其冷静、自制的理性机制，为狂热浮躁中的人们注射了一剂镇静剂，沉静人们的浮躁心理，使人清醒、理智地思考、权衡和取舍，明确可为、不可为和该为、不该为的界限。现代人在对利益的追逐中，神经变得异常脆弱，做事盲目，无原则、无主见，不经过理智的思考、周密的计划就轻举妄动。而谨慎则不仅要求人们做事有想法、有根据、有计划、有安排，而且要思考周严、方法细致、态度认真。所以传统慎德对于遏制现代人的浮躁心理，限制草率、轻信的盲动行为，平静人的心灵，以及培养慎重对待每一件事，遇事平静心态、遏制冲动情绪、制止鲁莽行为、认清事实真相、权衡轻重厉害的思维方法和行为方式都具有极其重要的意义。

“心主身而突显，身依心而完成；彼此间关系无所谓因果，既非交感，亦非平行，特依倚而涵括，形成有机体全体发展之层级耳。”① 个体身心关系密切，身体健康会影响到人的心理状态，心理健康也是身体健康的重要因素。人格心理学认为人格是影响人健康的主要原因。“20世纪40年代产生的心身医学，就将人格与心身疾病相联系进行研究的。”② 现代人每天都生活在压抑、紧张、浮躁、愤怒的精神状态中，难免对身心健康产生影响。传统慎德主张通过节制自我达到言行合宜、诸事合度，既不过分，也无不及，收到了促进个体身心健康的双重功效。一方面，谨慎可以控制人的情绪，使人不急不火、不躁不怒，既不优柔寡断、忧心忡忡，也不急功近利、汲汲于有所为，可以培养人沉着、稳重、冷静、镇定的心理素养和人格特质，有利于人的身体健康。另一方面，谨慎也可以节制人的欲望，既不殚精竭虑，也不好逸恶劳，既不克除欲望，也不纵欲放荡、骄奢淫逸，对于现代人在喧嚣的社会中形成清淡、宁静、健康的生活方式，培养健壮的体魄极有意义。

第三，有利于个体认识自我，从善去恶。

---

① 黄建中：《比较伦理学》，山东人民出版社 1998 年版，第 266 页。

② 郭永玉：《人格心理学》，中国社会科学出版社 2005 年版，第 476 页。

改革开放以一种不可抗拒的力量打开了中国传统社会的封闭结构，多元文化、多重价值在中国的国土上交汇、融合。生活其中的个体还来不及反应和调适，就已经被卷入不同的世界观、人生观、价值观的相互冲突当中，辨不清善与恶、是与非、好与坏、真与假。交易行为中坑、蒙、拐、骗，低级、庸俗、腐朽的文化现象深入大街小巷，权钱交易、互相倾轧、奢靡腐化也成为官场规则，不正当手段获利不以为耻、出卖良心获益反以为荣，个人行为唯利是图、不守道德、不讲廉耻通常被合理化，人们的道德心理受到强烈的冲击，处于是与非、对与错、善与恶的纠结和挣扎之中。如果没有识别善恶的慧眼、清醒的头脑和坚定的意志，很可能就沉沦其中。所以从自身下工夫，找寻自己、确证自我则是保持独立的、道德的自我，在是非混淆中能够择善去恶，在欲望、金钱、诱惑中能够岿然屹立所要进行的最紧迫任务。慎德是传统中国人解决人生困惑的大智慧，为当代社会在善恶面前迷茫的人们提供了理性的方法。清醒地认识自我是传统慎德的主要道德内涵，即无论富贵穷达、处境顺逆、他人评价优劣，都要给自己一个准确的定位。不妄自尊大，不妄自菲薄，不骄傲自满，不盲目自信，知己长、识己短，承认自己的价值、意义，明确目标、方向，知道做什么、如何做是适合自己的，从根本上去除对善恶分别的茫然无知，对不正当行为的躁动和盲从。明辨是非、善恶，权衡取舍、去恶从善是传统慎德的本质规定，传统慎德倡导谨慎，不是单纯地避免过失和祸患，目的在于通过明辨善恶、是非，修养自身、从善去恶，实现道德价值、增强道德修养，为现代人在纷繁复杂的社会中塑造什么样的自我提供了目标和方向。

（二）慎德有利于人际关系和谐

中国传统慎德对于建立当代社会和谐的人际关系也有积极作用。传统慎德产生于中国古代社会的人伦背景下，以“‘三纲’、‘五常’为其根本、核心和基本精神，并在此基础上引申出宗族、亲戚、邻里、师生关系，但也均受到‘三纲’、‘五伦’基本精神的制约”[①]。古代中国人所谨慎的是“尊卑有等”“亲疏有别”“长幼有序”的人伦交往原则。

① 肖群忠：《道德与人性》，河南人民出版社 2003 年版，第 213 页。

"在一个相当长的历史时期内，中国既没有公共生活也没有私人生活，只有家庭生活。"① 家庭成员交往的原则可以适用于社会上的各个领域，传统人伦关系虽然森严，但交往的原则相对还是简单的。现代社会由"熟人社会"向"陌生人社会"转变，随之而来的是组成社会的主体"人人关系"也由"人伦关系"转至"人际关系"。"人际关系"打通了以往"人伦关系"的血缘、地缘的界限而呈现出开放性、多元性。既有竞争关系，又有合作关系；既有交换关系，又有互利关系；既有公共领域的人际关系，又有私人领域的人际关系。在多重的人际关系中又掺杂着情感、利益、人情等多种因素。厘清多元复杂的人际关系，确定不同情境下与不同人交往的法则，不谨慎是难以做到的。加之，现代人个性凸显，人人都有自己的主见、想法、要求，不会轻易地依顺或服从他人，甚至因为自己的个性而伤害他人，相处起来必然会产生矛盾和分歧。所以在要求独立、自由、权利、个性的当代人中倡导谦谨、不争、内敛的交往方式对于建立良好的人际关系十分重要。随着科技的不断进步，人与人之间的交往方式也发生了变化，出现了"时间与空间的分离",② 网络技术的发展、交往中介的出现、代理人的产生使人们脱离了原始"面对面"的、直接的交往方式，人际间的交往更加虚幻，失去了本有的真实性，更多的、更复杂的因素参与其中，变幻莫测、难以琢磨。当代社会人际关系交往主体、交往方式、交往法则、交往情境等方面的变化，使刚刚从传统交往方式中脱离出来的当代中国人措手不及、难以适应，逃避、畏惧只能形成自我封闭的人格，难以适应多变的当代社会，只有谨慎才是一种必要的智慧交往方式。

1. 有利于融洽私人关系

所谓"私人关系"就是"私人领域"内人与人之间的关系。传统社会没有"私人领域"和"公共领域"的划分，也就没有"私人关系"和"公共关系"的不同。人与人的所有关系都被统摄在家庭关系中，并由家庭关系延伸。可以说家庭关系既是私人关系，也是公共关

① 高兆明、李萍：《现代化进程中的伦理秩序研究》，人民出版社 2007 年版，第 136 页。

② 王珏：《组织伦理——现代性文明的道德哲学悖论及其转向》，中国社会科学出版社 2008 年版，第 171 页。

系。个体在家庭关系中界定自我，以家庭成员的交往方式完成自我，人的独立性、自主性完全消融在家庭关系当中。当代社会，私人关系与公共关系的区分相对清楚，家庭关系也只是私人关系的一小部分。当代的私人关系是以个人独立人格为基础而结成的私人与私人的关系，可以是家庭内的亲人关系，也可以是家庭外的朋友关系，这种关系直接由“情趣爱好”“友谊”“习惯”等调节。[①] 当代人挣脱了传统家庭长幼有序、尊卑不等的伦理秩序要求，一味地要求独立、自主，在私人关系领域也出现了诸多的无序现象。晚辈对长辈不尊重、无礼貌，长辈对晚辈没有应有的慈爱和呵护；夫妻间也缺少了应有的真诚和信任；兄弟间为了争夺财产大打出手；朋友间反目成仇。尽管私人关系依靠亲情、血缘、感情来维系，看似很坚实，但在当代社会利益至上的价值观的影响下，坚不可摧的私人感情、牢固的私人关系也变得相当脆弱，所以对待私人关系要谨慎。传统慎德以仁爱、真诚、敬重为人伦交往的实质内容，使当代人懂得亲人、朋友之间的关系依然需要慎重，需要用心去呵护：尊重、爱戴长辈，关心、爱护晚辈；夫妻之间相濡以沫、相互理解；朋友之间相互信任、共同患难，克己修身、严格约束自己，营造良好的私人关系。谨慎还是择友之方，和传统亲缘关系相比，朋友关系是可以选择的，体现了主体的主观性和意愿性，“损友”和“益友”对个体会产生截然不同的影响，所以传统慎德十分重视对朋友的谨慎选择，择“谨饬友”（张潮，《幽梦影》），“道同志合”（《呻吟语·伦理》）[②]、“忠、信、敬、让”之良友，患难相救、过失相规、事业相助之益友，为当代人择友提供了智慧方法和依据标准。

2. 有利于增进公共关系

公共关系不同于私人关系，是在“呈现于外并将人聚集在一起的‘共同的世界’”[③] 中所产生的关系。在这种关系中，人们或因居处一

---

① 高兆明、李萍：《现代化进程中的伦理秩序研究》，人民出版社 2007 年版，第 134 页。

② （明）吕坤撰：《吕坤全集》（中），王国轩、王秀梅整理，中华书局 2008 年版，第 632 页。

③ ［美］汉娜·阿伦特：《私人领域与公共领域》，载《文化与公共性》，生活·读书·新知三联书店 1998 年版，第 84 页。转引自杨国荣《成己与成物》，人民出版社 2010 年版，第 266 页。

处，或因有共同的目标，或因使用同种工具而集合在一起，人们之间情感的因素减少、工具性因素增加，人际交往在很大程度上是以利益为导向。利益之下人们残酷竞争、损人利己、践踏生命、恶意诽谤、欺骗交易，丧失了传统的与人为慎的珍贵的道德底蕴，人际关系中充满了隐秘和危险，而且复杂关系中的主体人不是单面人，是拥有多面孔的复合人，不同的情况下，会表现出多面性。与什么样的人交往、怎样与人交往、与人交往是否合宜都是现代人际交往中所必须谨慎思考的内容。所以在人际关系中首先是厘清关系之间的联系、分清利害。在交往过程中时刻保持防范的警惕性，“害人之心不可有，防人之心不可无”。理智是必要的，但是理解互爱、平等尊重、谦慎达人的人际之爱又是不可缺少的。“市场虽然以私人占有、个人本位和竞争等实现效率，但其最终目的是为了达成人类劳动在交换中的合作，实现和发展人类的本质力量。”① 所以理解互爱、平等尊重，才能达成共识、实现共赢。在公共关系中，“调节人们行为的不仅有共同生活中所形成的风俗习惯、道德规范，还有人们在交往活动中达成的契约规范以及相关成文法”②。契约和规范是交往双方达成共识、调节双方关系、避免纷争和矛盾所必须遵守的交往法则。对于生活在公共关系中的现代人，谨遵规范、慎守承诺也是重要的慎德品质。一个遵守规范、公共规则的人一定不会越矩而为，更不会因为盲目、冲动，轻易冒犯他人。能够遵守诺言的人“言必信，行必果”（《论语·子路》），一定不会轻易许诺、妄言妄断，说到做到，从不失信于他人，必然获得别人对自己的信任。所以严格、谨慎地信守诺言、遵守规范也有助于营造良好的人际关系。

3. 有利于健全政治关系

政治关系是依据个体所从事的政治事务、承担的政治职责、拥有的权限为前提而结成的人与人之间的交往关系，既不同于私人关系，也不同于一般的公共关系，其中交往主体担任政治职务、行使政治职能、担当政治角色，不是个体与个体的单纯交往。传统的政治运作是命令式与

① 吴友军、姜大云：《市场经济的价值规范与社会主义的精神实质》，《学习时报》2006年9月3日第6版。

② 高兆明、李萍：《现代化进程中的伦理秩序研究》，人民出版社2007年版，第134页。

服从式的，皇帝对于百官来说“朕即法律”，上级官员对于下级官员来说“本官即法律”，百官唯皇帝的命令是从，下级官员以上级官员的指示为绝对命令。而在这种政治运行模式下，支配政治关系的原则是“唯尊”“唯权”。官员之间存在等级森严的隶属关系，为了不“犯上作乱”、不害己利、保住自己的官位，官员必须瞻前顾后、谨慎小心。彼此之间不能平等合作、互相倾轧。当代社会的政治关系则是民主、平等、开放的，官员之间虽然存在级别不同的上下级关系，但他们更多的是一种基于工作基础上的相互合作关系。“慎”作为一种政治美德主张谨慎处理政治关系则更加符合现代精神。上下级之间谨慎相处，互相尊重、彼此信任、真诚相待，减少猜疑和嫉恨，则会使双方在和谐的政治环境中尽显聪明才智、精诚合作。在现代社会分工的大背景下，政治职能也在不断地细化，办理一项事务往往需要不同部门、不同岗位的官员通力合作。官员之间清醒地认识自身和他人的职责权限，尊重其他部门的规章制度和行政方式，谨慎维持官员之间的合作关系，更能提高行政效率。官与百姓的关系更是政治关系是否和谐的关键因素，在封建社会官与百姓是对立的，封建官僚高高在上、横征暴敛、肆无忌惮，致使百姓一次次地推翻现有政权。而现代社会，“官”来自百姓，担负着为百姓造福的重任，为官谦虚谨慎、一心为民，才能得到百姓的认可。所以为官谨慎，对于优化上下级、官员与官员、官与百姓之间的关系，形成良好、高效的政治关系极其重要。[①]

（三）慎德有利于增进社会文明

中国传统慎德作为个体的美德品质，还体现在处理人与社会、个体与社会的关系维度上，对增进当代的社会文明也有积极作用。“美国人格主义哲学家马里坦认为伦理学的核心问题是个人与社会、个人善与共同善的统一。”[②] 然而达成二者的统一是十分艰难的，个体德性与社会

---

① 参见笔者拙文《慎：传统政治美德及其现代意义》，《社会科学战线》2010 年第 12 期，第 26—29 页。

② 余潇枫、张彦：《人格之境——类伦理学引论》，浙江大学出版社 2006 年版，第 120 页。

伦理之间矛盾和冲突不断。[①] 社会伦理以公平、正义为至上价值，以达到社会整体秩序和谐为目的，并通过强制性的规范来保证。而个体德性则追求个体的道德价值，通过道德自觉来处理与他人、与社会的关系。同一道德个体在两个伦理维度让进行道德选择时，难免会造成双方的冲突。中国传统社会为解决二者矛盾做出了回答，家是社会的基本组织形式，皇权与家天下合而为一，亲情与专制相结合，个体被牢牢地束缚在家庭、宗族、社会之内，个体是群体的附庸，要绝对服从于群体价值。当代社会，个体以公民身份存在于社会之中，个体是既有权利又有义务的独立实体。人是社会的主体，社会善需要通过人来实现；人又以社会为实现价值的场所和保证。二者既相矛盾，又相依存。人要求实现自我价值的欲求不断提升，而对个体与社会的相依相存关系却认识不足，二者之间的分歧、矛盾更加凸显。慎德在传统社会通过消除个体性、服从群体来实现人与社会的和谐。于今，私人领域、公共领域界限明晰，人不仅是私人生活的主体，更是公共生活、社会生活的承担者，慎德则需要个体走出家国同构的模糊状态，明确自己的社会角色，认真完成社会事务，严格遵守社会制度来协调人与社会的关系。

1. 有利于个体明确社会角色，履行社会义务

明确社会角色是个体在社会中的自我定位、自我确证。只有对社会角色进行自我确认，才能真正认识自我与社会的关系。传统社会虽然也有家庭之外的诸如君、臣、官、民等社会角色，但“家”的意蕴浓重，有些角色是先定的，具有相对的稳定性，定位起来也相对容易。然而，当代社会发展的多元化、社会分工的多领域化、社会角色也多样化，增加了个体确认社会角色的难度。所以要慎重确定自己的社会角色所蕴含的权利、义务内涵。更要认清角色的权利范围和行动限制，区别什么可为、该为，什么不可为、不该为，使自己的行为符合角色要求。也要警惕公共角色与私人角色的转换，明确公私之分，做到公事公办、公权公用、公吏公使，严格约束自我，不能因为私人情感、私人关系干扰社会角色的实现，更不能以权谋私，以公共权力作为丰实私人角色的工具和手段。更要尽职尽责，履行社会角色的义务要求，即身在其职，则尽其

---

① 俞世伟、白燕：《规范·德性·德行》，商务印书馆 2009 年版，第 232 页。

责，要有所担当。

2. 有利于个体承担社会事务，推进社会事业

随着经济的不断发展、社会分工的细化，社会事务也呈现出多元性和复杂性。事务之间有区别，处理每件事务都应该有不同的处事之道，事务之间也有联系，一事不慎，就会产生连锁反应，功亏一篑。何况，处于高速发展的现代社会，同时处理多件事务也是常有之事，如果处理不慎，就会焦头烂额。如何在纷繁复杂的社会事务面前处之不乱，传统慎德主张谨慎事务之间的区别和不同，“临事而惧，好谋而成”（《论语·泰伯》），为现代人提供了宝贵的经验。面对着纷繁复杂的社会事务，高度重视、专心致志、谨慎认真、周密细致是智慧的为事之方。不在乎、轻视、三心二意、草率、粗心、大意，必然一事无成。社会事务的分工，对人的信心、耐力和能力都提出了更高水平的要求，一部分人盲目、冲动，一部分人畏首畏尾，而真正谨慎的人在临事时会以平和、沉着的心态去面对繁杂的事务，明晰事务发展态势，合理地规划和投资，冷静地对待得失成败，胜不骄，败不馁，总结经验、稳中求进、积蓄力量、坚定信念。所以，在纷繁复杂的社会事务中，处之不乱的人应该是积极进取、敢作敢为、冷静审慎、运筹帷幄的人。社会事务的分殊，更要求人们之间能够分工协作，各尽所长，有效完成各项社会事务。传统慎德以“诚”为其精神实质，主张人与人之间应该真诚相待、严肃谨慎，对于培养现代人精诚团结的合作精神也具有启示意义。

3. 有利于个体遵守社会制度，稳定社会秩序

制度是维持社会秩序的主要手段。中国传统社会制度主要表现为“礼制”，通过区分尊卑、长幼、内外、男女的差别和不同，要求每个个体都必须严格遵守等级区分，尽伦守分，做符合人伦秩序的行为。传统社会的慎德就是这种“礼制”社会制度对个体道德的必然要求。现代社会秩序的稳定同样需要制度。由于调节对象人以及人与人、人与社会关系的改变，制度的内涵和外延也发生了相应的变化。“从内涵上看，制度是作为一种权利义务分配的规则体系，它规定了人们在现实生活中的实际活动范围以及基本的行为方式或模式；其次，从外延看，制度作为社会的规范形态，是通过某种强制性力量来制约主体的行为和主

体间关系的特定规范。”[①] 制度在保障个体权利的同时，也是个体行为所必须遵守的强制性规范，更是调节人与人、人与社会关系的必需手段。所以，现代人在社会制度面前同样不能为所欲为，要规范自身行为、遵守社会制度；谨慎对待自身权利、认真履行社会义务。权利与义务是当代公民的标志，现代制度明确规定了个人的权利与义务，也就确定了个体的活动范围与所拥有的权利界限，更明确了个体所必须执行的义务规定。个体一旦超出制度规定的权利范围，或逃避义务规定，必将受到制度的惩罚与制裁。所以作为享有制度保障权利的现代公民，对待自身权利、义务必须慎重。在这个到处都充满诱惑的时代，一些人无视规章制度、无视自身义务、为攫取私利不惜一切代价、逃避责任和义务，以身试法，身陷囹圄，就是给对待自身权利、义务不谨慎，不遵守社会制度的人们沉痛的教训。权利与义务的集中点是利益，“权利是被社会管理者所保护的必当得到的利益”，“义务是被社会管理者所保护的必当付出的利益”[②]。应得和应付出不清晰，属于自己与属于他人的利益不明确，必然会导致人与人之间的矛盾，如果人人都能谨慎所得、认真付出，必然能够和谐与人、与社会的关系，建立良好的社会秩序。

三　慎德的时代重塑

立足于当代社会的时代背景，重新审视传统慎德，实现儒家慎德由传统至当代的转换，赋予慎德以时代的伦理精神，重新阐述慎德的道德内涵，将其运用到当代人生活实践的各个领域，才能使“慎德”适应当代道德建设的需要，增进人们的道德修养，完善人们的道德品质。

（一）赋予慎德新的时代内容

赋予慎德新的时代内容是慎德重塑的首要任务。时代的变迁，使得传统慎德本身所蕴含的许多内容已经不能适应当代社会发展的需要。如果要在今天继续提倡“慎德”，首先就必须对儒家“慎德”在继承的基

① 施惠玲：《制度伦理研究论纲》，北京师范大学出版社 2003 年版，第 10 页。

② 王海明：《新伦理学》，商务印书馆 2001 年版，第 315 页。

础上实现时代超越，对“慎德”的产生，“慎德”所遵守的伦理规范以及慎德实现的根本目的给予科学、合理、符合当代意义的解释，才能使“慎德”更有说服力，更好地为人们所遵守。

1. “敬人事”，慎德新的理论根源

“慎”是如何产生的？人为什么要“慎”？传统儒家认为对天命的畏惧是其理论根源之一。《尚书》有言，“惟上帝不常，作善降之百祥，作不善降之百殃”（《尚书・伊训》），人因畏惧天降灾患，而谨慎为善，收敛人欲。孔子有言：“君子有三畏：畏天命，畏大人，畏圣人之言。”（《论语・季氏》）敬畏天命是人谨慎修德的首要原因。董仲舒认为“内动于心志，外见于事情，修身审己，明善心以反道者也”，原因在于“省天谴，而畏天威”（《春秋繁露・二端》）。传统儒家以天命推究人事，将“慎德”的产生根源归结为神或人格化的天，试图通过“天命”的震慑作用来形成人的“慎德”的做法在今天已没有任何理论根据和立足之地。马克思主义伦理学认为“道德既不是人主观自生的，也不是神的意志，道德的本质蕴藏于社会生活之中”[①]，“道德是人的需要的产物”[②]，否定了慎德产生的神意根据，而是在道德主体——人的实践活动、人的社会性本质中寻找“慎德”的产生根源。根据马克思主义的理解，由于对物质资料生产的需要，人们相互协作、互助，彼此交换、分配，结成了一定的社会关系。然而，每个人的个体需要又是不同的，在人与人、人与社会的交往过程中难免冲突和矛盾。物质资料生产的客观需要，对人本身提出了合作性、秩序性要求，协调人与人、人与社会之间的关系，形成物质资料生产的良好秩序，成为人的道德需要。在这种道德需要的动机促使下，个体将秩序要求内化为个体自觉，向往道德、追求道德、遵守道德，道德因为满足物质生产需要的动机而成为人的本质性规定。马克思说：“个人是从事活动的，进行物质生产的，因而是在一定的物质的、不受他们任意支配的界限、前提和条件下活动着的。”[③] 由此而言，道德的产生前提是人，不是虚幻、孤离、随意、

---

① 罗国杰：《伦理学》，人民出版社 1989 年版，第 46 页。

② 夏伟东：《道德本质论》，中国人民大学出版社 1991 年版，第 121 页。

③ 《马克思恩格斯选集》第 1 卷，人民出版社 1995 年版，第 71—72 页。

任性的人，而是在现实中，从事实实在在的生产劳动，受社会关系制约，进行自我约束、自我克制，追求自我发展和完善的人。“慎”作为当代社会人应具有的道德品质，产生于人的生产与社会实践中，着力解决人的社会关系问题，是旨在维持社会生产的有序秩序，而付诸的道德努力和进行的道德实践。由此，“慎德”的根源从天、神、上帝的形上寄托转为人本身的生产实践，由畏惧天命转为现实世界的人间法则。

2. 社会主义道德，慎德新的规范依据

传统慎德所依据的道德规范是以等级制度为核心的封建伦理纲常，每个人都必须严格遵守“君为臣纲”“父为子纲”“夫为妻纲”的规范要求，将自己纳入封建等级秩序之中，任何人不得打破这种秩序，不得僭越“尊卑有等”“长幼有序”“男女有别”的等级制度。虽然这种制度对于维持中国几千年来的封建秩序也有过积极的影响，然而当今社会，封建社会的伦理纲常已丧失了其存在的合理性和必要性，社会主义道德取而代之，成为当代中国人普遍遵守的道德规范。社会主义公有制的建立，使人民成为国家的主人，从根本上消除了传统社会剥削人、压迫人的人伦等级制度，人与人之间是平等的，每个人都是具有权利和义务的独立实体，人与人之间的关系应该是自由、团结、尊重、互助的。社会政治、经济制度的转变，以及人际关系发生的变化促使人们建立一种新的道德规范去调节人与人、人与集体、人与社会、人与国家之间的关系，社会主义道德规范体系应运而生。然而，现今社会人又是个性鲜明的，具有独立的见解、要求实现个体利益，与他人、集体、社会、国家的矛盾和冲突异常凸显。社会主义道德规范不仅包括“最简单、最起码的公共生活规则”，还倡导“人道主义”①，对社会主义社会成员提出以“集体主义”和“为人民服务”为核心的规范要求，适应了社会主义建设和发展的需要。所以当代社会，倡导谨慎作为道德以社会主义道德规范为依据，谨慎修身，慎处人际，合理处理与国家、集体、社会的关系。享有社会主义社会公民权利的同时，认真履行社会义务。相反，固守于封建社会的等级秩序，执着于封建伦常，泯灭个性自由，忽视个体价值，无限制地顺服权威、依从个人意志，不仅不是“慎”，而

① 罗国杰：《伦理学》，人民出版社 1989 年版，第 217 页。

且有悖于当代社会的道德本质，是应该去除的。

3. 崇尚时代价值，慎德新的道德目的

避免祸患，减少过失是古人将“慎”作为美德的主要目的之一。“君子终日乾乾，夕惕若厉，无咎”（《易经·乾卦》），时时提高警惕，居安思危才可以事先预料到事情的发展趋势，从而控制不利局势，避免祸患。“‘祸兮福所倚，福兮祸所伏。’戒之慎之……则无害灾。”（《说苑·敬慎》）“慎微以始而敬，终乃不困。”（《逸周书·常训解》）时刻谨慎注意事态、福祸、微著的演变，采取相应的防控措施就可以减少错误的发生。“临事而惧，好谋而成”（《论语·述而》），“惴惴小心，如临于谷”（《诗经·小雅·小宛》），在行为中小心谨慎、仔细思考、认真反省、总结经验、戒除缺陷，才能最大限度地减少过失。然而，随着中国专制统治的不断发展，“慎”的“全生”目的被封建统治者作为震吓民众的手段，为了在封建的高压政治下“保身”就必须服从封建统治者的意志，从而丧失了是非观念、道义原则，这种不自主、不自觉的愚昧服从和混世流俗的消极谨慎，在当代社会相对来说已经没有其产生与存在的社会土壤了。诚然，我们不能否认出于避祸保身的功利性目的而做出谨慎德行的可能性。但我们也必须警惕其向相反方向发展的现实性，倡导“慎”为美德，必须先对“慎”的动机和目的进行限定。谨慎只有以善、正当、公正等高尚的价值为目的，并能够自主地去追求和选择这些价值，在行为中贯彻实行，才能成为“慎德”，才能成为当代人所应具有的德性品质。

（二）重建慎德的伦理精神

传统慎德产生于古代社会皇权专制、小农经济的社会环境中，是与古代社会政治制度、经济发展状况相适应的。其遵守人伦差等、封闭保守、安于现状、凡事退让的伦理精神已经与当代社会格格不入。随着工业文明的发展，当代中国打破了原有的农业经济的生产方式，进入了社会化、市场化、全球化的经济发展轨道。政治上人民当家做主，每个人的独立、自由的个性都被承认，每个人的利益都得到保障，并且拥有了合理竞争的权利，不断开发自己的潜能、开拓进取是新时代对中国人提出的新要求，由此，自由、平等、竞争、创新成为时代精神。所以，我们要倡导当代人遵守谨慎的美德，就必须更新传统“慎德”的伦理精神，赋予其时代的意义。

1. 慎与自由

中国传统社会，人不是独立的个体，而是被牢牢地固定在人伦关系之中，人的个性被角色化、义务化，人的思想、行为被严格地限定在身份、地位、角色之中，不安伦、不尽分，就是不道德。在中央集权的君主专制制度下，皇权是最高的意志，尊者、长者、夫可以代表卑者、幼者、妻的意志，要求个体依他人意志而行、对他人恪尽义务，从根本消除了人追求自我的可能性。封建制度下倡导谨慎，从某种程度上说，就是压抑人的个性，迫使人按照人伦角色、封建统治秩序塑造自己。现代文明的发展，自由成为人的主体性的重要体现，“这种自由不仅表现在他可以超越现实条件对他的束缚，通过改造现实条件来满足自己的愿望，而且表现在他可以超越本能对他的束缚，自由的选择自己的生存方式”①。当代人追求自由看似突破了约束和限制，但绝对的自由是不存在的。从现实条件而言，自由应该以当代社会的社会秩序、法律规范为前提，以不对他人、社会、国家造成伤害为底线。“不但不敢放纵，相反地他与他人相处必须随时提醒自己对方是一个独立的个体，并有不可侵犯的权利，而时时对自己的行为自行管束。”② 从自我实现而言，自由就是自我修养、自我改造，不为自身本能所限，达到的自在、自得的状态。“‘自谴自责’，‘自认己失’，‘自悔自改’，此皆其人之自新处。人能自新其德，则‘苟日新，日日新，又日新’此又是一大自由。”③由此而言，慎德思想与当代自由理念并不相悖，具有当代自由精神的慎德应该是以人际关系、秩序规范为限，以承认人的个性、权利为前提，对自身本能的警惕、节制，对缺点的自省、改正，不任性随意、不骄逸放纵，尊重他人，遵守制度规范，实现人生价值的最大满足。

2. 慎与平等

平等是关系范畴，是人与人之间关系的一种存在状态。“尊卑有

---

① 施惠玲：《制度伦理研究论纲》，北京师范大学出版社 2003 年版，第 160 页。

② 韦政通：《伦理思想的突破》，中国人民大学出版社 2005 年版，第 110 页。

③ 钱穆：《中国思想通俗讲话》，生活·读书·新知三联书店 2002 年版，第 94—95 页。

等”是传统社会人与人关系的主要特点，“五伦”中，君、臣、民之间有着严格的等级区分：君是“太上”“至尊”，臣是“臣下”“卑臣”，民则是“子民”；父子之间，父处于主导地位；夫妻之间，男重女轻，妻从属于夫。朋友之间同样也掺杂阶级差等、尊卑贵贱的因素。古代社会人与人之间是不平等的，“‘尊’的一方享有特权，而‘卑’的一方则受尽委屈。”① 平等与自由同为当代人所倡导的理念。“平等是人在实践领域中对自身的意识，也是人意识到别人是和自己平等的人，人把别人当作和自己平等的人来对待。”② “一切人都居于平等的等级，都具有人之为人的特性或作为人的资格。”③ 这种平等的理念不允许特权的存在，也不允许专制的飞扬跋扈，具有平等思想的人不仅要保持独立的人格尊严，而且也能够对人、对己一视同仁。一方面，承认自我价值，做事严肃认真、谨慎负责、专心细致；做人不卑躬屈膝、不谄媚他人，也不骄傲自大、狂妄放肆，为人处世中能够做出符合人格和尊严的选择。另一方面，尊重理解他人，承认他人的价值和尊严，约束自己、严于自律，与人交往考虑到他人的感受，不轻视他人、不伤害他人，自觉维护与他人的平等关系。所以“平等”是当代慎德的伦理精神所在，使人突破封建等级秩序的束缚，谨慎不再是执着于尊卑差等，而是承认自我、尊重自我、尊重他人、平等待人的为人处世方法。

3. 慎与竞争

传统慎德倡导做事要先思后行、冷静慎重、明辨是非、权衡利弊得失、谨慎取舍。做人要“克己从人”“舍己从人”，能够克制争名逐利的欲望、约束争强好胜的心理，谦虚退让、先人后己、礼让不争。而在当今社会，随着市场经济的发展，竞争成为人的主要生存方式，当代人更热衷于勇于拼搏、敢于冒险、敢为天下先、抢占先机的竞争理念。诚然，竞争可以激发人的智慧和无所畏惧的力量，更能满足人自我实现、自我发展的需要。然而竞争不是无所顾忌、盲目行动，只有运用理性智慧，抑制冲动、鲁莽的行为，冷静清醒，防范他人采用不正当竞争给自

① 韦政通：《伦理思想的突破》，中国人民大学出版社 2005 年版，第 109 页。

② 《马克思恩格斯全集》第 2 卷，人民出版社 1957 年版，第 48 页。

③ 袁贵仁：《马克思的人学思想》，北京师范大学出版社 1996 年版，第 248 页。

己带来的伤害，审慎谋划，运筹于帷幄之中，才能决胜于千里之外。所以谨慎对于竞争来说不是退缩、懦弱，而是增强竞争智慧、提升竞争能力的砝码。当代人与人之间的竞争是与合作并存的，竞争不是野蛮的争夺，而是以双方共存、共事、共荣为前提的，竞争应该是公平、合理的，不损人利己、不践踏他人利益，竞争双方平等互惠。对于处理竞争过程中人与人之间的关系来说，谨慎是一种以退为进的竞争策略，也对原则、道义、制度、规范的遵守，更是对他人利益的尊重和维护，对竞争对手恭敬谦让，拥有“虚己若怀”、利人利己的道德品质不仅是一种做人的风格。所以，转化传统慎德为当代人所遵守的道德，拒斥竞争是行不通的，必须将竞争精神灌注于慎德的思想当中，使谨慎成为竞争的智慧方式，也是形成良好竞争关系的美德品质。

4. 慎与创新

费孝通先生认为，在传统中国，老者不仅是经验的权威，更是道德的楷模，所以必须遵从长辈的意愿，以适应这个他并不了解的社会，他没有选择的机会 。长辈经验和礼俗的传授是通过教化实现的，这种教化是全方位的，深入到每一个生活细节。中国乡土社会是熟人社会，社会少有变动，长者积累的经验足以应对社会中所面临的问题，所以其所具有的经验具有一种权威性，使他人主动地依循和信赖。[①] 人们相信经验、迷信权威，不敢突破原有状态，更不敢接受新生事物，传统社会排斥创新。产生于传统社会的谨慎更是对传统、对经验的崇敬，并在自身修养和实践中严格遵从。然而，创新是当代社会发展的重要理念，是个人、集体、国家、民族发展的不竭动力。是否具有创新精神和创新能力成为当代人应该具备的重要素质，一个没有创新意识的人，是不会有长足发展的。所以要使谨慎成为美德而为当代人遵守，就必须更新传统慎德一味遵循传统的伦理精神，代之以开拓、创新的拼搏奋斗精神。使谨慎成为不但敢于突破陈规，勇于改变思维方式，善于发现和创造新的事物，而且可以权衡利弊、慎重取舍、警惕错误、避免过失，认真、周密、严谨思考，敬重、专注、坚持不懈做事的思维方法和行为方式。

---

① 费孝通：《乡土中国》，上海人民出版社 2006 年版，第 53—56 页。

（三）重释慎德的道德内涵

综上所述，谨慎作为一种传统美德为当代人所继承发扬，是有其必要性的。但从我们今天所处的社会现实来看，简单地倡导或反对传统的谨慎思想是不合理的。我们应该根据时代的特点重新阐述慎德的道德内涵，赋予传统慎德以时代内容，为当代人遵守谨慎的美德提供具体的准则依据。

1. 慎处安危、坚韧进取

“慎处安危、坚韧进取”，即清醒地认识到安危之间互相转化的可能性，时刻警惕、戒除危险的发生，并坚强、持续地努力奋进，这是慎者行事智慧的体现。《左传·襄公十一年》有言：“居安思危，思则有备，有备无患。”苏轼指出，“古之立大事者，不唯有超世之才，亦必有坚忍不拔之志”①。通常人们在危险的环境中会更加警惕，然而在安逸的环境中却不能意识到危险发生的可能性。安不忘危，才是真正的谨慎智慧。荀子深知“水能载舟，亦能覆舟”（《荀子·哀公》），岳飞更能做到“得宠思辱”（《清代·钱彩·说岳全传》），《诗经》中“鸱鸮”亦知未雨绸缪。（《诗经·豳风·鸱号》）生活安逸往往会冲昏人的头脑，不曾预知危险到来的可能性，更不会思考困境中如何生存，“今朝有酒今朝醉，明日愁来明日愁”（《唐·罗隐·自遣》），使人在困难面前不堪一击。而“思危”才是谨慎的智慧，为人提供鉴戒，冷静人的头脑，使人认清事情发展的趋势，积极采取对策，才能长安久存。

现代社会高速发展，人们的生活日新月异，每天生活中所发生的变化都是难以想象的，这加大了人们对危险和灾害预见的难度，但“该来的总会来”，不少人在难以应对的形势巨变面前，为了避免失败，坐以待毙。甚至在危险临人、遭受失败之后选择放弃。但墨子说：“志不强者智不达。”（《墨子·修身》）没有坚强的意志就不会激发人们的智慧。北朝的刘昼也说：“居不隐者，思不远也；身不危者，志不广也。”（《刘子·激通》）② 在危险的环境中，更能坚定意志，产生深谋远虑。

① 曾枣庄、舒大刚：《三苏全书》第 14 册，语文出版社 2001 年版，第 197 页。

② 王叔岷：《刘子集证》，中华书局 2007 年版，第 230 页。

“时势造英雄”，正视危险、勇对困境、坚忍不拔、努力进取才能在困境中力挽狂澜，才是谨慎所应具有的大智慧。

2. 慎修自律、自我发展

“慎修自律、自我发展”，即发展完善自我，建立健全自我人格，但又要正视自身缺点和不足，改正错误，克服缺点，谨慎修身，严格要求自己。这是“慎德”在道德修养方面的重要体现。北宋王安石说：“不患人之不能，而患己之不勉。”（《王安石·上仁宗皇帝言事书》）人虽有能力、个性，不能自勉也是徒劳的。面对着丰富多彩的外部世界，一些人在物质、欲望、金钱、娱乐中会失去自我，自私自利、损人利己、好逸恶劳、贪图享乐、追求功利、价值观扭曲。“从善如登，从恶如崩。”（《国语·周语下》）管子说：“其所谨者小，则其所立亦小；其所谨者大，则其所立亦大。”（《管子·形势解》）谨慎关涉人善、恶价值取向的选择和成败的关键。所以慎者对外部世界应该理性识别、辨析、平衡。选择有利于自身发展的因素，剔除不利于自身发展的不良因素。同时也要不断地警醒自我，用伦理道德不断地修正自我，使自我在诱惑面前时刻保持一份清醒。

然而，如韦政通先生所言：“民主的性格，要求别人容纳我的意见，尊重我的所欲。”① 市场经济的发展，文化开放、多元，加之现代教育尊重个性、重视个性差异、张扬个性、鼓励个性发展。谨慎虽然要求个人控制自己的欲望、进行自我节制，但不是对自我个性的压抑，而是要求个人在追求个性发展的同时注重自身的道德修养，培养具有开放、积极、有个性、有道德的个体是慎德在现代社会个体塑造的应有之义。

3. 谦慎和善、独立自主

“谦慎和善，独立自主”，即道德主体在与人交往时真诚敬重待人、谦虚谨慎待己，但又不从众，坚持自己的意见和原则，不依靠他人，自立自信，是慎德在人际交往方面的重要体现。孔子在与人交往时坚持“己所不欲，勿施于人”（《论语·颜渊》）的忠恕之道，但亦坚持“和而不同”（《论语·子路》）；孟子坚持“恭者不侮人，俭者不夺人”（《孟子·离娄上》）的与人相处之方，但亦强调“与人为善”（《孟

① 韦政通：《伦理思想的突破》，中国人民大学出版社 2005 年版，第 113 页。

子·公孙丑上》)。谨慎在与人交往中是具有双向内涵的，既和善待人又严格要求自己。现实生活中的许多不幸，都是由于人们不能和善相处而造成的。家人之间不能相亲相爱，因为财产分割不均大打出手；朋友之间不能真诚守信，意见不合反目成仇；陌生人之间不能互敬互让，时有纷争，因为交往不慎，不宽容忍让，不谨慎自身言行而铸成大错。孔子曰："修己以敬人，修己以安人。"(《论语·宪问》)荀子说："与人善言，暖于布帛；伤人以言，深于矛戟。"(《荀子·荣辱》)如果人人都能在人际交往过程中谦虚谨慎、与人和善，人与人之间将会减少许多纷争、离乱和不幸。

现实社会中人际关系复杂，很多人选择了附和他人、不求己见的交往方式。诚然，这种交往方式可以在某种情况下避免纷争、保护自身，但不是现代社会慎德所应具有的内涵。清朝申居郧说："始交不慎，后必成仇。"(《清·申居郧·西岩赘语》)随波逐流、随声附和的人虽保住了一时的身存和声望，但却失去了长远的自我，这正是因为不慎持己见而造成的。《扬雄·法言》中说："上交不谄，下交不骄。""君子之交淡如水"很好地说明了慎德在人际交往中的内涵，与人相处中情感是深厚的，但要淡泊宁静，不谄媚、不附和，坚持正义，不违背原则。因此，"与人和善，独立自主"之慎德应成为和谐人际关系、保持独立自我的重要品德。

4. 敬慎尽责、敢于承担

"敬慎尽责、敢于承担"，即勇于承担社会责任，肩负使命，履行职责，恪尽职守。这是社会良知和责任感的重要体现，是公共道德的体现，也是"慎德"在公共生活中的实践内涵。真正的慎者有强烈的责任心和使命感，敢于承担重任，对自己的行为及后果负责。时下经常有人感叹"做的事越多，犯的错误越多，什么都不做就不会犯错误了"。在社会上也经常有如下现象发生：年迈的老人摔倒在路边，无人搀扶，说是怕惹麻烦上身，还是小心为好；行人路遭抢劫，大呼救命，竟无人问津，原因是多一事不如少一事。以上行为看似谨慎，使人躲避危险，但却逃避了自己作为社会人的应有责任。真正的慎者不是躲避社会责任，不担当历史使命，贪生怕死、苟且偷生之徒。

身在其职，则尽其责，要有所担当，是慎德在为业道德方面的重要体现。现实社会工作中所出现的重大失误和不幸，都是由于部分人不尽职守分、逃避责任造成的。部分司机不以乘客的生命安危为己任，开车大意疏忽；建筑工地领导玩忽职守，致使建筑工人出现意外事故；更有人认为公家事不是自己的事，“不在其位，不谋其政”，出了事情又都推卸、逃避责任。谨慎倡导谨言慎行，但不是不言不行；谨慎是细致入微的工作态度，但不是为了自保而躲避责任。如冯友兰先生所说：“人因在社会所处底位分不同，人对于社会所应做底事亦不同。其所应做底不同底事，即是其职。”① 社会中的每一分子如果都能对自己的一份事业敬慎尽职、勇敢尽责，则会形成良好的社会秩序，促进社会事业的发展。

（四）拓展慎德的应用领域

传统慎德有处己、处人、处事三个伦理维度，通常被当作个体修养、处理私人关系、在私人领域做事所应具有的美德。虽然也被应用于政治领域，但不是对所有社会成员提出的美德要求，也只限于君德与臣德，慎德在传统社会的应用领域和适用主体范围是相对狭小的。当代社会，人的生活空间越来越开放，人的互动交流也越来越频繁，当代人拥有了广阔的公共活动空间，参与社会活动的不仅有个体，还有组织、企事业单位、机构、职业团体等。所以传统慎德有必要从狭小、封闭的私人领域、家庭生活中走出，成为全社会成员共同遵守、适用于社会各个领域的普遍美德。

1. 作为公共道德

“公共道德”即“公德”“社会公德”，是指在公共生活空间，处理公共关系，全体社会成员必须遵守的起码的公共生活规则。② 当代社会，在人们的公共生活领域出现了诸多的公共道德失范现象。个人表现

① 冯友兰：《三松堂全集》第四卷，河南人民出版社2001年版，第546页。

② 肖群忠先生将其内容概括为：维护人类公共生存延续、安全；增强人类团结的自然人际公德，如尊老爱幼、维护和平、反对战争等；保证人类起码的文明和美德的个体公德，如仪态大方、言行举止文明等；促进人际交往和谐融洽的交往公德，如平等、尊重，诚实守信；维护社会公共生活秩序的场所公德以及维护人类共同生存生活空间的环境公德，如爱护自然环境、保护公共环境等。参见肖群忠《道德与人性》，河南人民出版社2003年版，第171—174页。受其启示，笔者得出公共道德是以人为主体在处理公共生活领域人与人、人与社会、人与自然三者关系的公共规则，下文论述将从这三方面展开。

语言污秽、行为放荡；与人交往虚伪、冷漠、欺骗、狡诈、恶意陷害；在公共场所破坏公共秩序，因为插队、争抢座位相互谩骂、打架、斗殴等寻衅滋事的现象不断；无视他人健康、安危，随意排放工业废气，倾倒工业、生活垃圾，噪声污染严重。所以在公共领域倡导敬畏公共关系、生存环境，尊重他人、谦慎待人，收敛自我、克制自我，不自私任性、不随意放纵的慎德对于制止公共道德失范现象、完善道德风尚十分必要。对待自己严格要求，语言、举止慎重文明，不说脏言秽语、行为检点、坐有坐相、站有站相，仪态庄重严肃，着装文明、健康、整洁，时刻反省自己，以公共道德规范要求自己，塑造文明的内在气质和外在形象，不仅是自尊的表现，更是因尊人、爱人对自己提出的严格要求。对他人敬重谦慎，善于换位思考，凡事考虑他人的感受，不伤害他人、不践踏他人利益，不目中无人、不轻视他人，真诚热情、理解尊重、诚实守信、助人利人。遵守公共秩序、不违法乱纪、不侵犯他人劳动成果。维护公共卫生、不随地吐痰、不随意丢垃圾、不破坏公共环境。近年来出现的越来越严重的环境问题，人类为此也付出了沉痛的代价，根本原因在于人类没有慎重对待自身与生存环境的关系，任意污染、极度破坏，人的恶性行为不但没有收敛，反而愈演愈烈。综上所述，当代社会，谨慎应该成为人们公共生活领域所遵守的公共道德，清醒地认识人与人、人与社会、人与自然的关系，收敛欲望、节制行为，克服盲目的利益追求、消除任意的个性发展。

2. 作为职业道德

职业道德以社会分工为前提，虽然从原始社会末期就已经产生了社会分工，但在中国古代社会，家庭是最基本的生产单位，家庭成员之间的关系就是生产关系，家庭伦理的笼罩，使得从事专门性事务、因分工与合作而结合在一起的职业团体没有取得主导地位。当代社会，随着生产的发展，社会分工不断细化，社会事务的多元分殊，社会职业不断分化、丰富。“一个以职业活动为中心的社会时代降临于人类社会。职业角色在社会生活的中心位置，使得家庭角色规范的意义越来越淡化。而职业道德则具有越来越重要的意义与地位。”① 当代职业领域的道德失

① 龚群：《当代中国社会伦理生活》，四川人民出版社 1998 年版，第 198 页。

范现象也越来越严重，对待本职工作不严肃慎重，工作中马虎大意、玩忽职守、推卸责任，无视民众的知情权、恶意隐瞒事实真相、无视群众身心健康、聚敛个人利益，行政腐败、中饱私囊、穷奢极欲、损公肥私，同事之间互相拆台、彼此陷害。所以对从业人员倡导严于自律、遵守法律和职业道德规范，对待工作一丝不苟、专心认真、细密严谨；恪尽职守、尽职尽责，并谨慎处理与同事、领导、服务对象之间关系的慎德极为重要。作为国家公务员，应该忠于人民、服务群众，忧患人民的安危，想人民之所想、急人民之所急。警惕自身骄逸自私的心理，全心全意为人民服务，以人民的利益为重，对人民的事业兢兢业业、虔诚敬重。在处理行政事务时，不凭主观臆断，也不作无根据的推测，小心谨慎、认真细致、裁断合理、办事公允。作为专业技术人员，对待工作要严谨求实、注重实践，严肃、认真、严格、谨慎，具有追求真理的执着毅力、脚踏实地的实干精神。同事之间以诚相待、相互尊重、相互学习；与人相处谦虚谨慎、戒骄戒躁。在市场经济条件下，商机无限，陷阱也不少，一着不慎，便会倾家荡产。不守法经营、不公平竞争、不以质取胜，必然会被市场竞争的洪流所淘汰。所以商业劳动者谨慎也是十分必要的，应该做到顾客至上，全心全意为人民服务；遵纪守法，义中取利，诚实无欺，货真价实；公平竞争、合理买卖、文明经商。

3. 作为组织道德

“组织是指由互动人群构成，以实现一定目标，具有内在结构和秩序的社会实体。”① 中国传统社会，个体成员被固定在家庭之中，人们所组成的团体，小到家庭，大到国家乃至社会，都是以个人中心以家庭模式扩展出去的。在家庭中，个人可以找到庇荫，实现自我价值，满足生存和发展的需要，没有必要在家庭之外另结成组织。在中国历史发展的个别时期，也出现了类似组织的团体，但其内部是无序混乱的，不能得到社会的承认，持续短暂并面临着严重的危机。当代社会，组织成为人们生活世界的主要实体，并以其统一的行动目标、稳定的内部结构、有序的组织管理、强大的竞争实力参与到社会互动当中。然而，组织也

① 王珏：《组织伦理——现代性文明的道德哲学悖论及其转向》，中国社会科学出版社2008年版，第25—26页。

同单个人一样，面临着生存和发展的紧张问题，组织之间竞争依然十分残酷。国家的发展在国际竞争中举步维艰，企业、事业单位、政府机构也面临着整合、重组、淘汰的危机。所以，从组织整体的长远发展考虑，在激烈竞争的当代环境中，居安思危、忧患警惕、沉着应对、审慎谋划、积极努力同样重要。企业在市场竞争中应该镇静沉着、抓住机遇、迎接挑战；看清事态发展的趋势，全局考量，注重细节，克服盲动、“随潮”的心理，仔细权衡、严密部署、认真执行，才能稳中求进。经常进行企业内部的自我检查、自我修正，克除不利于企业发展的因素。企业之间，既要提防恶意伤害，又要公平竞争、精诚合作。事业单位应遵守相应法律、法规；规章、制度公开、公平、合理；对百姓一视同仁，竭诚为人民服务；进行单位内部自检，增强自身的职能执行力，谨慎处理与其他单位、团体之间的关系。政府、国家更应谨慎政务，每一个政府命令的颁布都应该经过全面周到、细致入微的思考和论证。在处理外交关系时，更应该慎重、警惕，不卑不亢，不擅自侵犯他国权利，也不屈服顺从他国意志，平等、独立、谨慎、自强地进行国际交往。

通过理论内容、伦理精神、道德内涵、应用领域四个方面的转换和重塑，并结合儒家慎德思想的精华，慎德基本上适应社会主义的发展，满足当代人道德完善的需要，可以成为当代社会大力倡导的一种美德品质和行为准则。

四　慎德的当代培养

在中国的“伦理政治”模式下，无论是政治治理、人伦交往，还是家庭生活都归于个体的道德修养，期待着依靠人的主动、自觉来塑造道德人格，从而实现“齐家”“治国”“平天下”的社会效应。中国传统文化中的“慎德”思想基本上属于人生道德和政治伦理，它的培育主要也是由个体的自觉修养和外在的道德教化来达成。传统“慎德”也以其特有的理智智慧和高度的道德自觉使个体不断地调适与己、与人、与外在环境的关系，在一定的社会历史时期对增强个体修养、和谐人际关系、稳定社会秩序产生了积极的影响。然而，面对当代社会转型期，市场经济条件下人的道德失范现象，如拜物主义、享乐主义、功利主义风行，市场上充斥着假冒伪劣产品、坑蒙拐骗的现象无处不在；政府官员生活腐化堕落，为名为利，无所不作；家庭成员责任感丧失，个人生活肆无忌惮；教育、医疗、公共生活领域也出现了道德行为失控状态。“慎”不再是对价值原则的坚持，在一定程度上成为保存自身的手段、争夺利益的诈谋。人的善良意志和道德自觉似乎在金钱、利益的冲击面前显得软弱无力，仅仅依靠人对道德的无限向往究竟对人的约束和控制有多大的力量，是一个值得深思的问题。所以培养当代人具有“谨慎”美德，不仅要依靠个体的自我修养，更要启动全社会的力量，通过强制性的制度保障来得以实现。

（一）依靠个体的道德自觉

道德自觉是道德养成的起点，也是进行道德教育的最终目的。尽管当代人在思想和行为上表现出了放纵、失控的状态，似乎非强制无以解决问题，但培养道德自觉，形成自我约束、自我控制的能力才是解决当代人“道德失控”的最根本方法，培养“谨慎”美德依然致力于形成当代人的道德自觉。

第一，形成个体的理性认知是慎德自觉的前提。“无知者无畏”，不了解、不知道就不会产生“敬畏”之心，也就不会产生“谨慎”自觉的动力，所以，形成个体的理性认知是培养慎德自觉的第一步。理性认知，就是可以清晰、明确地认识自己、他人和社会，并能够以善恶、是非等道德价值为原则进行权衡取舍。改革开放使当代社会的社会结构不断开放，一切都在流动中、变动不居。善与恶、是与非、高贵与卑贱之间的界限也越来越模糊。如此，人们对于为什么谨慎、如何谨慎懵懂不清，在行为中表现出鲁莽、盲目、冲动，狡诈、虚伪、欺骗也是自然。所以，培养当代人在行为中对“善”的道德信念的自觉追求，关键在于确定“是非”分明的价值观念，明确“该”与“不该”的界限，培养人的理性认知能力，才能有所为有所不为。

第二，培养个体的义务自觉也是慎德自觉的关键。黑格尔说：“道德意识一般是现实的和能动的，它在它的现实和行动中履行着义务，它把义务当成本质。”[1]道德意识就是义务自觉，是明确自己的职责和义务，知道什么应该做、什么必须做，并能够自觉地履行义务，努力承担自己的职责，是个体对自身提出的道德要求和道德命令，是形成道德的关键。对职责的体认、对义务的遵守，尽职尽责、尽忠职守是慎德内容的重要方面。慎德源于对自身职责和义务的敬畏和自觉，人们不仅在对义务准则、规范的尊重和践履中约束自我，更能以实现义务为动力不断地进行自我改造、自我完善。没有义务自觉，个体就会丧失对自己的责任感，苟且偷安、玩世不恭、自暴自弃、轻率盲目、随波逐流。对他人冷漠无情、傲慢无礼、骄横莽撞、肆无忌惮、欺骗敲诈、恶意伤害；对社会淡然处之，漠视社会责任、唯利是图、为非作歹。“作为确定的人、现实的人，你就有规定、就有使命、就有任务，至于你是否认识到这一点，那都是无所谓的。这个任务是由于你的需要及其与现存世界的关系而产生的。”[2] 义务是人的本质性规定，义务自觉则是人的自我确认，没有认识到自己的义务，也就无法在人的内心中形成自我约束机制和自我修养的动力，所以培养当代人“谨慎”的美德，培养个体的义务自觉也是极其重要的。

第三，慎德自觉还需要通过“良心约束”来实现。马克思主义伦理学认为“良心不过是社会的客观道德义务，经过道德规范从他律向自律的转化过程，而在道德主体内心深处，以自律准则的形式积淀下来的人的道德自制能力”[3]。“良心”是隐藏于人内心的道德法则，以社会的规范、义务为道德要求监督和审判人的思想和行为。具有慎德品质的人，并不单纯因为某种功利性的目的小心谨慎、避灾免祸，而是以良心为法则，严格要求自己，其警惕、收敛、持重、认真本质上都是凭“良心”做事。在行为前，“良心”依其善恶评判标准，对人的行为动机进行考量、取舍，警惕自身的妄念和违背良心的思想动机；在行为中，“良心”时刻监督着人的行为，提醒人自警、自律、自慎、自重，克制感情、欲望和情绪上的冲动，摒除随意任性、肆无忌惮的行为；在

① ［德］黑格尔：《精神现象学》（下卷），贺麟、王玖兴译，商务印书馆 1979 年版，第 26 页。

② 《马克思恩格斯全集》第 3 卷，人民出版社 1960 年版，第 329 页。

③ 罗国杰：《伦理学》，人民出版社 1989 年版，第 207 页。

行为后，对自我进行良心的谴责，使个体深刻自省，认识到自己的错误和过失，通过羞愧和忏悔，改正前行之恶，促进道德完善。由此可见，良心就是自己对自己的克制，是促进人们“谨慎”为善的内心动力，更是保证“谨慎”德性品质形成的根本法则。所以，培养当代人的“谨慎”美德，不仅要提高人的理性认知能力，增强人对义务的自觉体认，更要唤醒人们内心的道德良知。

（二）诉诸社会的道德教育

依靠个体自觉来培养人的慎德品质的确是最根本、最持久有效的解决方法。然而，在当今拜金主义、享乐主义、实用主义、利益至上主义、极端个人主义滋生、蔓延的社会环境下，单纯依靠人的道德自觉是薄弱的。何况，人的道德自觉又不是自然形成的，它在道德实践活动中养成，受到外在环境的影响。因此，在现实生活中实践“慎德”对社会整体教育提出了要求。

第一，加强社会的道德导向作用。当代社会市场经济环境下，人们在物质欲望、金钱利益的驱使下，盲目、被动地加入到市场竞争的洪流中。随之而来的是焦虑不安、患得患失，没有经过理智的分析和思考，更没有审慎的抉择和取舍，盲目随从。更有甚者，践踏他人利益、进行不正当竞争、见利忘义、唯利是图，人与人之间感情淡漠。我们不可以完全否定市场经济对人的积极影响，但其破坏性也不可小觑，人在盲目、冲动、道德取向不稳定的非理性状态下有取善的理由，亦有择恶的可能性，谨慎可以成为向善的道德品质，也可以成为行恶的手段，这就需要社会有一种正确的道德导向的引导。将审慎的理智智慧作为个体能力的衡量标准；超越物质利益，倡导宁静、淡泊、高尚的生活方式；在提倡个性解放的同时努力塑造平等的人际交往环境，通过人与人之间的相互制约，培养个体对他人、对社会的敬畏之情，收敛自我，节制自身。

第二，强化社会舆论的监督作用。“舆论是道德行为的公审法庭”，“舆论所以能成为公审的道德法庭，是因为它传播速度快，受播面广，形式公开，气势恢宏。人言可畏，众口铄金，就是指它的力量；舆论的压力，舆论的谴责，就是它作为道德法庭的实际审判”[①]。舆论通过大众的监督、他者的评判、民众的议论对个体施加压力，迫使个体有所收敛，不能恣意妄为，通过公众谴责制约个体的不道德行为。每个人都生活在人群中，强大的舆论监督机制使行为不轨的人无处存身，只有按照群体生活的准则、规范行为处事才是舆论监督之下的正确行为方式。所以，运用社会舆论监督个体行为，可以有效地培养个体慎重、收敛、节制的谨慎美德。然而，当代社会的舆论监督作用发生了扭曲，媒体舆论报道失实，有失公正；群众舆论偏离真、善、美的价值导向，局部出现了舆论监督的空白状态，放任自流、穷奢极欲、目空一切的不慎行为沉渣泛起。“腐败，是因为权力没有监督；放荡，是因为生活失去警钟。好事无人夸，坏事无人抓，就是道德实施中监督机制生了锈，或者遭到破坏，于是才出现‘人欲横流’的不幸局面。”[②] 所以，培养全社会成员的“谨慎”美德必须重塑社会舆论真实、准确、公平、公正的精神实质，赋予社会舆论具有道德意义的价值取向，重振舆论监督的强效作用。

第三，发挥社会环境的锻炼作用。深处当代社会的转型时期，我们面临的是一个“一切都被允许”“一切皆有可能”的时代，眼前的情状我们不得而知，未来的发展我们又无法预测，唯一能做到的就是把握现实，踏实、稳重、谨慎地做好眼前的事。正如“赵氏孤儿”一样“面对困境，我要选择；我不想选择，可是我面对困境”[③]。然而困境对人并不是坏事，如樊浩先生对文化的定义，“生存困境”是“文化的第二要素”[④]，“生存困境是人生命的深度和厚度之所在”[⑤]。生存困境可以促使人不断思考，更加清楚地认识困境、认识世界；可以磨炼人的心志，增强战胜困境的信念和能力；虽然在困境中跌跌撞撞，但却可以锻造一个坚实、自信、智慧的自我。社会转型，原有的生活方式、生活理

---

① 曾钊新、吕耀怀：《伦理社会学》，中南大学出版社 2002 年版，第 84 页。

② 同上书，第 74 页。

③ 参见田沁鑫导演版话剧《赵氏孤儿》剧本之扉页。

④ 文化有四个要素，即“生命过程”“生存困境”“解释系统”和“超越性‘努力’”。参见樊浩《文化与安身立命》，福建教育出版社 2009 年版，第 23—34 页。

⑤ 樊浩：《文化与安身立命》，福建教育出版社 2009 年版，第 25 页。

念被打破，人们面临着一定程度的生存困境，如畏惧、怯懦、无所作为，必然会被社会竞争所淘汰，鲁莽、蛮干、盲目同样会遭受打击，人们在摸爬滚打中总结出，遇事慎重对待、沉着冷静、认真思考、审慎谋划、尽心竭力才能减少失败，待人真诚、信任、智慧、谨慎才能避免伤害。具有安宁稳定的生存环境的确是社会发展的目的，然而，人只有在与社会环境的互动中才能理解人生的真谛。所以，使人融于社会，同生存困境抗争也是培养当代人具有谨慎美德的一剂良方。

（四）加强制度的有效保障

司马迁在《史记·伯夷列传第一》中有言："或曰：'天道无亲，常与善人。'若伯夷、叔齐，可谓善人者非邪？积仁絜行如此而饿死！且七十子之徒，仲尼独荐颜渊为好学。然回也屡空，糟糠不厌，而卒蚤夭。天之报施善人，其何如哉？盗蹠日杀不辜，肝人之肉，暴戾恣睢，聚党数千人横行天下，竟以寿终。是遵何德哉？此其尤大彰明较著者也。若至近世，操行不轨，专犯忌讳，而终身逸乐，富厚累世不绝。或择地而蹈之，时然后出言，行不由径，非公正不发愤，而遇祸灾者，不可胜数也。余甚惑焉，傥所谓天道，是邪非邪？"节制自身、坚持慎德、坚守善道的人不得善终，恣意妄为、穷奢极欲、逸乐无度的人却可以得寿而终。鲜明的事实，使古人对道德自觉发生了深度的疑问。法家代表人物韩非子从"利己"的人性出发，主张严刑峻法，极端地控制人的思想和行为。然而其法的震慑作用也只限于被统治阶级，对君王豪奢纵欲、肆无忌惮依然无济于事。因此，在传统社会中，培养人的"慎德"品质，单纯地期许道德自觉，或诉诸刑罚的力量，都有失偏颇。当代社会，商品经济的发展，使人们面临着更强大的利益诱惑，人的欲望、冲动被极大地引发，道德的自我约束力量极其脆弱。所以，我们在对人进行道德教育、培养道德自觉的同时，更要为人的道德行为提供制度上的保障。

第一，建立公正、合理的社会制度。"慎德"的培养有赖于社会制度的强制性作用。制度是社会人员必须遵守的行为规范，人们之所以谨慎自身、言行符合制度，首先在于其对社会制度的心理认同，进而内化为人自觉遵守的准则。制度是否公正、合理直接影响着人们谨慎的价值取向和行为选择，公正的制度环境下人们约束自我，谨慎行事，以善为价值目的，选择符合善的行为方式。不公正的制度安排下，谨慎则是趋利避害、争权夺利的手段。所以培养当代人的慎德品质应力求制度公正，不能有所倾向，要以全体社会成员为保障和约束对象，一视同仁。制度在执行过程中也要公平合理、公正公开，不因为权势、地位、金钱、关系而使制度公正的天平失衡，不能成为部分人骄奢淫逸、贪污腐化、戕害他人的保护伞。如此，人们谨慎才能脱去其功利性目的，成为敬畏道德、节制自身的美德。

第二，保证制度赏善罚恶的功能。制度的功能在于保障社会成员的利益，约束社会成员的行为。激励人们符合制度的行为，严惩违反制度、不符合规定的行为。如果在一种制度环境下，“那些弄虚作假者升迁，据真秉实者遭贬，吹须溜拍者受宠，犯颜直谏者被整，奉公守法者寒酸，贪赃枉法者富甲，走正门正道被拒，闯歪门邪道得逞”①，在不公正的制度安排中，社会成员受到不正当制度的引导怙恶不悛、为非作歹，即使有洁身自好者，也无法实现“道德的人与不道德的社会”之间的和谐，甚至放弃自身原则，屈从于不道德的制度，去善趋恶。人们蔑视谨慎，将谨慎视为懦弱、保守，甚至将谨慎作为争夺利益的权谋和手段，谨慎脱离了对道德的向往，丧失了其向善的品质。所以，制度本身应该是善恶分明的，积极鼓励、弘扬善的行为，对于恶的行为则严惩不贷。

第三，制定完备、有效的制度规范。制度是社会成员的行为规范，明确规定了社会成员的活动范围、行为方式，一旦超越制度规定的界限，或违反规定，就会受到严厉的惩处。然而，当代社会转型期，经济体制改革极速发展，政治制度却相对滞后，出现了“制度空白”和“法律漏洞”，对于人的一些活动和行为没有评判和制约的能力。致使一些人钻制度的空子，在没有制约的真空地为非作歹，无所顾忌。制度的不健全不仅使人们的谨慎行为无的放矢、无据可循、茫然无措，也纵容了一些人的投机心理，做了坏事，逃避了应有的惩罚，却能获得可观

---

① 高兆明、李萍：《现代化进程中的伦理秩序研究》，人民出版社2007年版，第261页。

的利益，激励人们铤而走险、恣意妄为的放肆心理。他们信奉“撑死胆大的，饿死胆小的”的行为箴言，蔑视理智、谨慎、遵规守矩的人，谨慎对于他们也只是寻找制度空白、躲避法律责任、斡旋于制度真空地的智巧。所以，只有健全制度规范，使人们的行为有法可依，严惩不合规范的不慎行为，做了好事，可以得到奖励，做了坏事，无处可逃，必遭惩罚，对于培养人们遵守法律制度，约束限制自我的“谨慎”美德十分重要。

结语　慎，德之守也

在传统道德结构中，“慎”之为“德”没有“孝”的“元德”之位，没有“仁”的“全德”之称，更不如“义字大如天”的价值信仰。“慎”的地位未被凸显，并不能说明它是可有可无的。从周人讲“克慎明德”开始，“慎”被视为实现道德的手段，但同时也意味着“慎”从此将作为一种后台道德而存在。如果将诸德目所构成的道德结构比作一个舞台的话，“慎”虽不具有“孝”“仁”“义”“礼”等主角的耀眼光辉，但其却在屏幕之后默默地发挥着作用，使整个舞台更加绚烂夺目。

首先，“慎德”是实现一切道德的前提和基础。从文献阐释的角度而言，《尚书》中所言“慎德”并不是关于“慎”的具体德目，而是“慎其德”的意思，“德”是“慎”的方向和目的，“慎”是通达“德”的必由之径，只有“敬德”“畏德”“重德”“慎德”，对于“德”做到心中敬畏、珍重，行为时谨慎持守，才能成为有德之人。从“慎”作为一个德目与其他道德的关系来看，是成就其他道德的必备要素。“慎”具有警惕灾难和过失，控制自身情绪和欲望，对人对事珍重敬爱，严肃认真等含义，是其他道德形成所通用的心理因素和行为方式。不慎，使人对父母、对祖先骄逸放肆，含有“爱”“敬”“忠”“顺”①精神实质的中华传统孝道无以产生；不慎，使人无视他人安危、蔑视他人苦痛，以亲爱同情为本的“仁爱”之心也会消失殆尽；不慎，使人肆意冲决道德规范和价值原则，为所欲为，无法养成遵守礼义的道德品质；不慎的人一定“口惠而实不至”（《礼记·表记》），言而无信；不

---

① 肖群忠：《中国道德智慧十五讲》，北京大学出版社2008年版，第188页。

慎的人必然缺乏智慧，而成为一个愚者；过慎、不及慎更无法达致中庸之境。由此而言，没有“慎德”，其他道德品质也很难养成。

其次，“慎德”也涵盖其他道德，兼具其他道德的多重内涵。不仅含有清醒明辨、深刻洞察、周密细致的智慧成分，也有真诚敬重、忠恕同情、修己安人的仁爱情感，是持盈惧满、动心忍性、勇于担当的道义之举，更是安分守己、遵守秩序的守礼行为。“慎德”虽不及“仁德”作为“全德”那样彰显，但却隐含着其他道德，可以说，“慎德”的培养过程，也是其他道德品质的形成过程。

最后，“慎德”还是其他道德追求的最高目标和境界，这就是儒家所讲的“慎独”境界。“慎独”经过《礼记》之《大学》篇和《中庸》篇、宋儒朱熹、明儒刘宗周的阐述而成为达致至善之境的修养之方，实现了道德自觉与“独体”的主客观高度合一。由上观之，“慎德”在中国传统道德结构体系中的地位虽不那么显著，但却是其他道德实现的基础，涵盖着其他道德，影响甚至支配着其他道德的培养和实践，占有重要而特殊的地位。

“慎德”在道德结构中的地位与众不同，与“慎德”所具有的特点息息相关。

首先，慎本身具有“德”与“非德”的双重性质。就“慎”本身而言，不仅是德，而且还有非德的性质。正如亚当·斯密所言：“谨慎这种美德，在仅仅用来指导关心个人的健康、财富、地位和名声时……在某种程度上是可爱的和受欢迎的一种品质，但是，它从来不被认为是最令人喜爱或者最高贵的美德。”① 西方思想家眼中，人之所以“谨慎”，初衷是保存个人利益、增进个人幸福，不具有同“仁爱”“正义”等美德等同的高尚品性。在中国的文化视域中，“慎”从产生之初，就作为避免夭殃、鬼神惩罚的心理活动和行为上的各种禁忌而存在。而后，又成为在复杂的社会环境、人伦关系中明哲保身、安身立命的手段。谨慎的人时时都在善与恶、道义与功利、己利与人利、个体与社会之间不断地反思、取舍，为了助益他人、增益社会而谨慎当然是一种美

① ［英］亚当·斯密：《道德情操论》，蒋自强、钦北愚、朱钟棣、沈凯璋译，商务印书馆 1998 年版，第 277 页。

德；在不损害他人、不妨害社会的前提下求利防患、存养身心、助益个人同样无可厚非；然而当己利与人利，与社会利益相冲突，谨慎所谋划的是转嫁祸患、谋害他人、损人以求自保，求得自我发展无论如何都无道德意义可言。“慎”为“德”甚或“非德”，关键在于主体——人如何选择终极标准和行为手段，当人价值目标不清晰、行为手段不明确，甚或受到人本性之恶、外在困境等因素的干扰，“慎”很容易就丧失其美德意义，而成为纯粹的奸诈和智巧。因此，“慎”究竟是不是美德一度引起怀疑，即使作为一种美德也不那么受到青睐和赞赏。所以，“慎”之为美德就不具有如“孝”“仁”“义”“礼”等美德那样纯粹的利他性，需要附加更多的限定条件，如以“善”为最终目标，以“义”为价值准则，遵守“礼”的道德规范，更要适度合宜，无过无不及等。正因为“慎”的这一特点，使“慎德”没那么耀眼，而是暗含在道德体系中，默默地发挥着它独有的美德力量。

其次，慎德的内涵有一般和灵活的双重特性。“慎”虽然具有“警觉”“收敛”“持重”“认真”四种一般含义，但“慎”作为美德，不同于孝、仁、义、礼、智、信等德目具有确定不移的实质内容，在不同的道德情境中会表现出不同的意蕴，在是非、善恶前不迷茫，在行为选择时不轻举妄动，正确识人知己，不轻信他人、不骄傲放纵表现的是“智德”的品质；在与人交往时，考虑他人的感受和处境，注重自己的言行举止，不伤害他人，对他人真诚敬重表现的是“仁德”的品质；自我修养时，省察克治、节制欲望和冲动，依据道义准则时刻检省是“义德”精神的体现；言行合宜、不冒进、不冲动又是“中庸”之德的展现。可以说，“慎德”的实现是各种道德相互作用而构成的整体，而究竟何种道德含义体现得更多一些，则取决于其所面临的道德关系、所处的道德困境以及所要解决的道德问题。

最后，慎德有心理形式和道德意蕴的双重体现。“慎”本身就是一种普遍的人类主体的意识心理，有构成其心理品质的认知基础、情感动力和意志保障，由畏惧、警戒、崇敬、亲爱、严肃、认真、反思、权衡、取舍、自省、自制等多种心理活动构成，形成了复杂的心理机制。“慎”之为德相对于其他道德更多地依靠其心理形式得以实现，但其也有丰富的道德意蕴，体现为社会生活中的人事之慎、人生之慎和伦理之慎。“慎德”的心理形式不全是自然的、本能的，而是对社会生活、人伦关系、人生幸福的感悟和追求。其道德意蕴，更是与心理形式高度融合，更能体现“慎德”是主体内心对道德价值的自我反思、自我抉择的道德自觉。

“慎德”在传统伦理生活中不仅是一种美德，更是道德实现的保障。在中国古代社会“慎”为“德之守也”①。慎辨是非，使人坚守着善的理念；慎思而行，使人避免言行中的盲目和冲动；慎省自身，使人警惕着自身的欲念；慎事尽职，使人守护着自己的职责和使命；慎与人处，维护着人间的和平与安宁。现代社会，“慎”依然是德之守护神。诱惑与挑战并存、人际关系多元复杂、社会事务分殊交错，“慎德”所内含的冷峻智慧、诚敬的道德情感和坚强的意志力量，使现代人更加明晰如何面对生存困境，如何在荆棘丛生的现实社会安身立命，如何实现个人价值、助益他人、推进社会进步。“慎”作为自我修养的方法、从事事业的方式、人际交往的原则，守护着每个人的道德心灵，更守护着人类的和谐幸福。因此，追寻美德、加强道德建设要求我们每个人要“慎其德”，有其“慎德”，在现代社会条件下发展、创造新慎德！

尽管中国传统“慎德”思想存在着诸多的局限性，但只要我们能够“入乎其内”而又“出乎其外”，对其进行打磨、除垢、剪裁和重塑，定能使其绽放出灼灼的美德光辉。我们所做的工作是浅显的、粗陋的，相信时代的发展会赋予这一论题更加丰富的内涵，未来对这一论题的研究将会更系统、更深入、更有意义。我们满怀希望期待着……

① 《国语·卷三·周语下》有言：“慎成端正，德之相也。”并对四者的含义和作用予以解释：“立无跛，正也。视无还，端也。听无声，成也。言无远，慎也。夫正，德之道也；端，德之信也；成，德之终也；慎，德之守也。”

参考文献

一　马恩经典著作类

1.《马克思恩格斯选集》第 1 卷，人民出版社 1995 年版。
2.《马克思恩格斯全集》第 2 卷，人民出版社 1957 年版。
3.《马克思恩格斯全集》第 3 卷，人民出版社 1957 年版。

二　古代典籍及注疏类［按成书年代排序］

4.（战国）吕不韦：《吕氏春秋》，中华书局 1991 年版。
5.（西汉）董仲舒：《春秋繁露》，中华书局 1975 年版。
6.（西汉）刘向：《说苑》，北京大学出版社 2009 年版。
7.（西汉）桓谭：《新辑本桓谭新论》，中华书局 2009 年版。
8.（东汉）班固：《白虎通义》，商务印书馆 1936 年版。
9.（东汉）许慎：《说文解字》，中华书局 1963 年版。
10.（东汉）许慎撰，（清）段玉裁注：《说文解字注》，上海古籍出版社 1988 年版。
11.（三国）诸葛亮：《诸葛亮集》，天津古籍出版社 2008 年版。
12.（魏）王弼：《王弼集》，中华书局 1981 年版。
13.（魏）刘劭著，（西凉）刘昞注：《人物志》，中州古籍出版社 2007 年版。
14.（晋）郭璞注，（宋）邢昺疏：《尔雅注疏》，北京大学出版社 1999 年版。
15.（唐）韩愈：《韩昌黎集》，商务印书馆 1958 年版。
16.（唐）柳宗元：《柳宗元集》，中华书局 1979 年版。
17.（唐）孔颖达：《尚书正义》，《十三经注疏》，中华书局 1980 年版。

18.（唐）孔颖达：《礼记正义》，《十三经注疏》，中华书局 1980 年版。
19.（唐）孔颖达：《春秋左传正义》，《十三经注疏》，中华书局 1980 年版。
20.（唐）徐彦：《春秋公羊传注疏》，《十三经注疏》，中华书局 1980 年版。
21.（唐）罗隐：《罗隐集》，中华书局 1983 年版。
22.（北宋）李觏：《李觏集》，中华书局 1981 年版。
23.（北宋）张载：《张载集》，中华书局 1978 年版。
24.（北宋）周敦颐：《太极图说》，上海古籍出版社 1992 年版。
25.（北宋）程颢、程颐：《河南程氏遗书》，上海古籍出版社 1981 年版。
26.（北宋）程颢、程颐：《二程集》，中华书局 1981 年版。
27.（南宋）朱熹：《四书章句集注》，中华书局 1983 年版。
28.（南宋）陆九渊：《陆九渊集》，中华书局 2008 年版。
29.（元）纪君祥：《赵氏孤儿》，中州古籍出版社 2003 年版。
30.（明）朱舜水：《朱舜水集》，中华书局 1981 年版。
31.（明）薛瑄：《薛文清公读书录》，中华书局 1985 年版。
32.（明）王守仁：《王阳明集》，上海古籍出版社 1992 年版。
33.（明）刘宗周：《刘宗周全集》，浙江古籍出版社 2007 年版。
34.（明）吕坤：《吕坤全集》，中华书局 2008 年版。
35.（明）黄宗羲：《明儒学案》，中华书局 2008 年版。
36.（明）王夫之：《俟解》，中华书局 2009 年版。
37.（清）陈确：《陈确集》，中华书局 1979 年版。
38.（清）戴震：《孟子字义疏证》，中华书局 1982 年版。
39.（清）王念孙：《广雅疏证》，中华书局 1983 年版。
40.（清）王聘珍：《大戴礼记解诂》，中华书局 1983 年版。
41.（清）孙星衍：《今古文注疏》，中华书局 1986 年版。
42.（清）孙诒让：《周礼正义》，中华书局 1987 年版。
43.（清）王先谦：《荀子集解》，中华书局 1988 年版。
44.（清）刘宝楠：《论语正义》，中华书局 1990 年版。
45.（清）郭庆藩：《庄子集释》，中华书局 1997 年版。

46. （清）孙诒让：《墨子闲诂》，中华书局 2001 年版。
47. （清）曾国藩：《曾国藩家书》，万卷出版公司 2009 年版。
48. 傅亚庶：《刘子校释》，中华书局 1998 年版。
49. 闫振益、钟夏：《新书校注》，中华书局 2000 年版。
50. 王文锦：《礼记译解》，中华书局 2001 年版。
51. 李梦生：《左传译注》，上海古籍出版社 2004 年版。
52. 李泽厚：《论语今读》，生活·读书·新知三联书店 2004 年版。
53. 黎祥凤：《管子校注》，中华书局 2004 年版。
54. 金良年：《孟子译注》，上海古籍出版社 2004 年版。
55. 汪受宽：《孝经译注》，上海古籍出版社 2004 年版。
56. 周振甫：《周易译注》，中华书局 2007 年版。
57. 周振甫：《诗经译注》，中华书局 2007 年版。
58. 王叔岷：《刘子集证》，中华书局 2007 年版。
59. 杨伯峻：《论语译注》，中华书局 2008 年版。

三　工具书类［按作者姓氏音序排列］

60. 陈初生编纂，曾宪通审校：《金文常用字典》，陕西人民出版社 2004 年版。
61. 谷衍奎：《汉字源流字典》，华夏出版社 2003 年版。
62. 谷衍奎：《汉字源流字典》，语文出版社 2008 年版。
63. 吕景和、钱晔、钱中立：《汉字古今形义大字典》，黑龙江人民出版社 1993 年版。
64. 唐文：《郑玄辞典》，语文出版社 2004 年版。
65. 王力：《古代汉语常用字字典》，商务印书馆 2005 年版。
66. 王文耀：《简明金文词典》，上海辞书出版社 1996 年版。
67. 王朝忠编著《汉字形义演释字典》，四川出版集团、四川教育出版社 2006 年版。
68. 吴汝钧编著：《佛教大辞典》，商务印书馆 1992 年版。
69. 朱颐庭主编：《伦理学小辞典》，上海辞书出版社 2004 年版。
70. 宗福邦、陈世铙、萧海波主编：《故训汇纂》，商务印书馆 2003 年版。

四　近现代华人著作类［按作者姓氏音序排列］

71. 艾兰、邢文：《新出简帛研究》，文化出版社 2004 年版。
72. 安徽大学古文字研究室：《古文字研究》（第二十二辑），中华书局 2000 年版。
73. 包亚明主编：《现代性的地平线——哈贝马斯访谈录》，李安乐译，上海人民出版社 1997 年版。
74. 蔡仁厚：《中国哲学史大纲》，吉林出版集团有限责任公司 2009 年版。
75. 蔡元培：《中国人的修养》，中国工人出版社 2008 年版。
76. 蔡志良、蔡应妹：《道德能力论》，中国社会科学出版社 2008 年版。
77. 成中英：《合内外之道——儒家哲学论》，中国社会科学出版社 2001 年版。
78. 成中英、冯俊主编：《康德与中国哲学智慧》，中国人民大学出版社 2009 年版。
79. 陈根法：《德性论》，上海人民出版社 2004 年版。
80. 陈来：《宋明理学》，辽宁教育出版社 1991 年版。
81. 陈来：《古代宗教与伦理》，生活·读书·新知三联书店 2009 年版。
82. 陈瑛：《中国伦理思想史》，湖南教育出版社 2004 年版。
83. 程俊英、梁永昌：《应用训诂学》，华东师范大学出版社 1989 年版。
84. 崔宜明：《道德哲学引论》，上海人民出版社 2006 年版。
85. 邓和：《中国文字结构选解》，学苑出版社 2001 年版。
86. 丁四新：《郭店楚墓竹简思想研究》，东方出版社 2000 年版。
87. 方同义：《中国智慧的精神》，人民出版社 2003 年版。
88. 樊浩：《文化与安身立命》，福建教育出版社 2009 年版。
89. 费孝通：《乡土中国》，上海人民出版社 2006 年版。
90. 冯友兰：《三松堂全集》，河南人民出版社 2001 年版。
91. 傅佩荣：《哲学与人生》，东方出版社 2005 年版。
92. 傅斯年：《性命古训辩证》，广西师范大学出版社 2006 年版。
93. 高国希：《道德哲学》，复旦大学出版社 2005 年版。
94. 高兆明：《伦理学理论与方法》，人民出版社 2005 年版。

95. 高兆明、李萍：《现代化进程中的伦理秩序研究》，人民出版社2007年版。
96. 葛晨虹：《中国礼仪文化》，经济科学出版社2001年版。
97. 葛晨虹：《人性论》，中国青年出版社2001年版。
98. 葛兆光：《中国思想史》，复旦大学出版社1998年版。
99. 龚群：《当代中国社会伦理生活》，四川人民出版社1998年版。
100. 辜鸿明：《中国人的精神》，北方文艺出版社2006年版。
101. 郭永玉：《人格心理学》，中国社会科学出版社2005年版。
102. 何俊、尹晓宁：《刘宗周与蕺山学派》，中国人民大学出版社2009年版。
103. 侯外庐：《中国思想史》，人民出版社1957年版。
104. 侯外庐：《中国思想史纲》，上海世纪出版集团、上海书店出版社2008年版。
105. 黄光国：《儒家思想与东亚现代化》，巨流图书公司1988年版。
106. 黄光国：《儒家关系主义》，北京大学出版社2006年版。
107. 黄建中：《比较伦理学》，山东人民出版社1998年版。
108. 黄意明：《道始于情——先秦儒家情感论》，上海交通大学出版社2009年版。
109. 焦国成：《中国古代人我关系论》，中国人民大学出版社1991年版。
110. 焦国成：《中国伦理学通论》，山西教育出版社1997年版。
111. 荆惠民：《中国人的美德——仁义礼智信》，中国人民大学出版社2006年版。
112. 劳思光：《中国哲学史》（第1卷），广西师范大学出版社2005年版。
113. 廖名春：《中国学术史新证》，四川大学出版社2005年版。
114. 梁漱溟：《中国文化要义》，上海世纪出版集团、上海人民出版社2003年版。
115. 黎鸣：《中国人性分析报告》，中国社会出版社2004年版。
116. 李建华：《中国官德》，四川人民出版社2000年版。
117. 刘美红：《先秦儒学对“怨”的诊断与治疗》，中山大学出版社

2010 年版。
118. 刘翔：《中国传统价值观诠释学》，华东师范大学出版社 2010 年版。
119. 李宪堂：《先秦儒家的专制主义精神——对话新儒家》，中国人民大学出版社 2003 年版。
120. 李学勤、谢桂华主编：《简帛研究二〇〇一》，广西师范大学出版社 2001 年版。
121. 李亦园、杨国枢：《中国人的性格》，凤凰出版集团 2006 年版。
122. 李泽厚：《中国古代思想史论》，人民出版社 1986 年版。
123. 李泽厚：《实用理性和乐感文化》，生活·读书·新知三联书店 2005 年版。
124. 李泽厚：《中国古代思想史论》，生活·读书·新知三联书店 2008 年版。
125. 李泽厚：《伦理学纲要》，人民日报出版社 2010 年版。
126. 林语堂：《吾国与吾民》，凤凰出版传媒集团、江苏文艺出版社 2010 年版。
127. 鲁芳：《道德的心灵之根——儒家"诚"论研究》，湖南师范大学出版社 2004 年版。
128. 鲁迅、林语堂、傅斯年等：《看不懂的中国人》，新世界出版社 2008 年版。
129. 罗国杰主编：《伦理学》，人民出版社 1989 年版。
130. 罗国杰主编：《中国传统道德》，中国人民大学出版社 1995 年版。
131. 罗国杰主编：《中国伦理思想史》，中国人民大学出版社 2003 年版。
132. 吕耀怀：《道德单元》，湖南人民出版社 2008 年版。
133. 马中：《中国哲人的大思路》，陕西人民出版社 1993 年版。
134. 茅于轼：《中国人的道德前景》，暨南大学出版社 2008 年版。
135. 蒙培元：《情感与理性》，中国社会科学出版社 2002 年版。
136. 牟宗三：《中国哲学的特质》，上海古籍出版社 1998 年版。
137. 钱穆：《国史新论》，生活·读书·新知三联书店 2001 年版。
138. 钱穆：《中国思想通俗讲话》，生活·读书·新知三联书店 2002

年版。
139. 邱吉：《道德内化论》，民族出版社 2004 年版。
140. 秋浦：《鄂温克人的原始社会形态》，中华书局 1962 年版。
141. 任继愈：《中国哲学史》，人民出版社 2000 年版。
142. 任剑涛：《伦理王国的构造——现代性视野中的儒家伦理政治》，中国社会科学出版社 2005 年版。
143. 沙连香主编：《中国民族性》，中国人民大学出版社 1989 年版。
144. 沈善洪、王凤贤：《中国伦理思想史》，人民出版社 2005 年版。
145. 施惠玲：《制度伦理研究论纲》，北京师范大学出版社 2003 年版。
146. 宋希仁主编：《社会伦理学》，山西教育出版社 2007 年版。
147. 宋志明等：《中国古代哲学研究》，中国人民大学出版社 1998 年版。
148. 宋志明：《中国传统哲学概论》，中国人民大学出版社 2004 年版。
149. 孙隆基：《中国文化的深层结构》，广西师范大学出版社 2004 年版。
150. 唐凯麟、龙兴海：《个体道德论》，中国青年出版社 1993 年版。
151. 唐凯麟主编：《西方伦理学名著提要》，江西人民出版社 2000 年版。
152. 唐凯麟、曹刚：《重释传统——儒家思想的现代价值评估》，华东师范大学出版社 2000 年版。
153. 唐凯麟、龙兴海：《个体道德论》，中国青年出版社 1993 年版。
154. 汤可敬：《说文解字今译》，岳麓书社 2002 年版。
155. 唐兰：《唐兰先生金文论集》，紫禁城出版社 1995 年版。
156. 王海明：《伦理学原理》，北京大学出版社 2001 年版。
157. 王海明：《新伦理学》，商务印书馆 2001 年版。
158. 王珏：《组织伦理——现代性文明的道德哲学悖论及其转向》，中国社会科学出版社 2008 年版。
159. 王岳川：《大学中庸讲演录》，广西师范大学出版社 2008 年版。
160. 韦政通：《中国思想史》，上海书店出版社 2003 年版。
161. 韦政通：《伦理思想的突破》，中国人民大学出版社 2005 年版。
162. 肖群忠：《孝与中国文化》，人民出版社 2001 年版。

163. 肖群忠：《道德与人性》，河南人民出版社2003年版。
164. 肖群忠：《伦理与传统》，人民出版社2006年版。
165. 肖群忠：《中国道德智慧十五讲》，北京大学出版社2008年版。
166. 夏伟东：《道德本质论》，中国人民大学出版社1991年版。
167. 熊国英：《释古汉字》，齐鲁书社2006年版。
168. 徐复观：《中国人性论史》，华东师范大学出版社2005年版。
169. 杨国荣：《伦理与存在——道德哲学研究》，上海人民出版社2002年版。
170. 杨国荣：《善的历程——儒家价值体系研究》，上海人民出版社2006年版。
171. 杨国荣：《成己与成物》，人民出版社2010年版。
172. 杨美惠：《礼物、关系学与国家》，凤凰出版传媒集团、江苏人民出版社2009年版。
173. 姚新中：《道德活动论》，中国人民大学出版社1990年版。
174. 叶继元：《学术规范通论》，华东师范大学出版社2005年版。
175. 俞世伟、白燕：《规范·德性·德行——动态伦理道德体系的实践性研究》，商务印书馆2009年版。
176. 余潇枫：《哲学人格》，吉林教育出版社1998年版。
177. 余潇枫、张彦：《人格之境——类伦理学引论》，浙江大学出版社2006年版。
178. 袁贵仁：《马克思的人学思想》，北京师范大学出版社1996年版。
179. 周清泉：《文字考古》，四川人民出版社2003年版。
180. 左民安：《汉字例话》，中国青年出版社1984年版。
181. 曾枣庄、舒大刚：《三苏全书》，语文出版社2001年版。
182. 曾钊新、吕耀怀：《伦理社会学》，中南大学出版社2002年版。
183. 翟学伟：《中国社会的日常权威——关系与权力的历史社会学研究》，社会科学文献出版社2004年版。
184. 翟学伟：《人情、面子与权利的再生产》，北京大学出版社2005年版。
185. 张岱年：《中国哲学大纲》，中国社会科学出版社1982年版。
186. 张岱年：《中国伦理思想研究》，江苏教育出版社2005年版。

187. 张德胜：《儒家伦理与社会秩序》，上海人民出版社 2008 年版。
188. 张君劢：《儒家哲学之复兴》，中国人民大学出版社 2006 年版。
189. 张康之：《论伦理精神》，凤凰出版传媒集团、江苏人民出版社 2010 年版。
190. 张立文：《和合学》，中国人民大学出版社 1995 年版。
191. 张舜清：《儒家“生”之伦理思想研究》，中国社会科学出版社 2010 年版。
192. 张锡勤、柴文华主编：《中国伦理道德变迁史稿》，人民出版社 2008 年版。
193. 张锡勤：《中国传统道德举要》，黑龙江大学出版社 2009 年版。
194. 赵汀阳：《每个人的政治》，社会科学文献出版社 2010 年版。
195. 郑淑媛：《先秦儒家的精神修养》，人民出版社 2006 年版。
196. 周与沉：《身体：思想与修行》，中国社会科学出版社 2005 年版。
197. 朱伯崑：《先秦伦理学概论》，北京大学出版社 1984 年版。
198. 朱光潜：《谈修养》，广西师范大学出版社 2008 年版。
199. 朱贻庭：《中国伦理思想史》，华东师范大学出版社 2003 年版。
200. 佐斌：《中国人的脸与面子》，华中师范大学出版社 1997 年版。

五　译著类［按作者名字音序排列］

201. ［美］艾兰：《水之道与德之端——中国早期哲学思想的本喻》，张海晏译，商务印书馆 2010 年版。
202. ［美］艾兰：《世袭与禅让——古代中国的王朝更替传说》，余佳译，商务印书馆 2010 年版。
203. ［法］安德烈·孔特－斯蓬维尔：《小爱大德——人类的 18 种美德》，吴岳添译，中国编译出版社 1998 年版。
204. ［美］安乐哲、罗思文：《〈论语〉的哲学诠释：比较哲学的视域》，余谨译，中国社会科学出版社 2003 年版。
205. ［美］本杰明·史华兹：《古代中国的思想世界》，程钢译，江苏人民出版社 2004 年版。
206. ［英］边沁：《道德与立法原理导论》，时殷弘译，商务印书馆 2000 年版。

207. ［英］布赖恩·特纳：《公民身份与社会理论》，郭忠华、蒋红军译，吉林出版集团有限责任公司2007年版。
208. ［美］戴维·迈尔斯：《社会心理学》，侯玉波、乐国安、张智勇等译，人民邮电出版社2006年版。
209. ［美］狄百瑞：《儒家的困境》，黄水婴译，北京大学出版社2010年版。
210. ［日］渡边信一郎：《中国古代的王权与天下秩序》，徐冲译，中华书局2008年版。
211. ［美］杜维明：《论儒学的宗教性——对中庸的现代诠释》，段德智译，武汉大学出版社1999年版。
212. ［美］杜维明：《道学政——论儒家知识分子》，钱文忠、盛勤译，上海人民出版社2000年版。
213. ［美］杜维明：《儒家传统与文明对话》，彭国翔编译，人民出版社2010年版。
214. ［德］恩斯特·卡西尔：《语言与神话》，丁晓等译，生活·读书·新知三联书店1998年版。
215. ［美］费正清：《美国与中国》，张理京译，世界知识出版社2009年版。
216. ［德］弗里德里希·包尔生：《伦理学体系》，何怀宏、廖申白译，中国社会科学出版社1998年版。
217. ［奥地利］弗洛伊德：《精神分析引论新编》，高觉敷译，商务印书馆1987年版。
218. ［美］郝大维、安乐哲：《通过孔子而思》，何金俐译，北京大学出版社2005年版。
219. ［德］黑格尔：《法哲学原理》，范扬、张启泰译，商务印书馆1961年版。
220. ［德］黑格尔：《精神现象学》，贺麟、王玖兴译，商务印书馆1979年版。
221. ［德］康德：《判断力批判》，邓晓芒译，人民出版社2002年版。
222. ［德］康德：《实践理性批判》，邓晓芒译，人民出版社2003年版。
223. ［德］康德：《道德形而上学原理》，苗力田译，上海世纪出版集团、上海人民出版社 2005 年版。
224. [英] 呤利：《太平天国革命亲历记》，王维周译，中华书局 1961 年版。
225. [美] 罗尔斯：《正义论》，何怀宏等译，中国社会科学出版社 1988 年版。
226. [美] 罗思文、安乐哲：《生民之本——〈孝经〉的哲学诠释及英译》，何金俐译，北京大学出版社 2010 年版。
227. [德] 罗哲海：《轴心时期的儒家伦理》，陈咏明、瞿德瑜译，大象出版社 2009 年版。
228. [美] 马斯洛：《动机与人格》，许金声等译，华夏出版社 1987 年版。
229. [美] 麦金泰尔：《德性之后》，龚群、戴扬毅等译，中国社会出版社 1995 年版。
230. [美] 孟旦：《早期中国"人"的观念》，丁栋、张兴东译，北京大学出版社 2009 年版。
231. [美] 明恩溥：《中国人的气质》，刘文飞、刘晓旸译，上海三联书店 2007 年版。
232. [美] 乔治·克洛斯科：《公平原则与政治义务》，毛兴贵译，凤凰出版传媒集团、江苏人民出版社 2009 年版。
233. [荷] 施列格：《天地会研究》，薛澄清译，商务印书馆 1940 年版。
234. [日] 桑原骘藏：《东洋史说苑》，钱婉约、王广生译，北方文艺出版社 2006 年版。
235. [英] 西季威克：《伦理学方法》，廖申白译，中国社会科学出版社 1993 年版。
236. [英] 休谟：《道德原则研究》，曹晓平译，商务印书馆 2001 年版。
237. [英] 亚当·斯密：《道德情操论》，蒋自强、钦北愚、朱钟棣、沈凯璋译，商务印书馆 1998 年版。
238. [古希腊] 亚里士多德：《尼各马科伦理学》，苗力田译，中国社会科学出版社 1999 年版。
239. [美] 余纪元：《德性之镜——孔子与亚里士多德的伦理学》，林航译，中国人民大学出版社 2009 年版。

240. ［美］余纪元：《德性之境》，林航译，中国人民大学出版社 2009 年版。
241. ［日］滋贺秀三：《中国家族法原理》，张建国、李力译，法律出版社 2002 年版。

六　论文类［按作者姓氏音序排列］

242. 艾理生：《关于“慎独”的几点思考》，《船山学刊》2005 年第 3 期。
243. 曹刚：《从道德诚信到法律诚信——兼及道德运行机制的一点思考》，《道德与文明》2004 年第 3 期。
244. 程平源：《对殷周之变的再探讨——以殷周“德”义变迁为线索》，《江苏社会科学》2005 年第 3 期。
245. 陈居渊：《凌廷堪“慎独格物说”的礼学诠释》，《复旦学报》2009 年第 2 期。
246. 陈来：《“慎独”与帛书〈五行〉思想》，《中国哲学史》2008 年第 1 期。
247. 樊浩：《儒家人伦关系设计的特点与内在矛盾》，《社会科学家》1990 年第 3 期。
248. 葛荣晋：《王符的“慎微”之教及其现代意义》，《甘肃社会科学》2005 年第 5 期。
249. 郭春萍：《孔子“慎言”观考》，《宁夏大学学报》2009 年第 1 期。
250. 韩西山：《清、慎、勤：为官的基本准则》，《安徽史学》2007 年第 4 期。
251. 何有祖：《楚简释读七则》，《江汉考古》2006 年第 1 期。
252. 焦国成：《试论社会主义核心价值体系》，《道德与文明》2007 年第 1 期。
253. 林明、徐艳云：《〈周易〉古经“明德慎罚”观辨析》，《周易研究》2007 年第 6 期。
254. 刘康德：《戒慎恐惧三部曲》，《复旦学报》1995 年第 5 期。
255. 金香花：《论“勇”——以孔子与亚里士多德为思想资源》，《理论月刊》2009 年第 9 期。

256. 林贵长:《论勇德》,《齐鲁学刊》2007 年第 1 期。
257. 廖明春:《“慎独”本义新证》,《学术月刊》2004 年第 8 期。
258. 刘清平:《“人为”与“情理”——中国哲学传统的基本特征初探》,《中国哲学史》1997 年第 3 期。
259. 吕耀怀:《“慎”的两个维度》,《道德与文明》2006 年第 3 期。
260. 吕耀怀:《“慎”的两个维度——中国传统德性分析之三》,《孔子研究》2006 年第 3 期。
261. 吕耀怀:《“谦德”的德性传统及其当代命运》,《道德与文明》2007 年第 3 期。
262. 米继军:《“慎独之学”解析——以先秦儒家经典文献为文本》,《社会科学战线》2007 年第 2 期。
263. 倪修仁:《论市场主体需要弘扬“慎独”精神》,《道德与文明》1997 年第 1 期。
264. 牛敬业:《恪守“慎独”》,《道德与文明》1996 年第 3 期。
265. 任剑涛:《谈中国文化人文精神的特质——人情化人文主义与分析化人文主义的比较》,《哲学动态》1992 年第 5 期。
266. 孙齐鲁:《孔、孟、荀学思观辨略》,《孔子研究》2009 年第 6 期。
267. 唐少莲:《儒家“让”德批判——兼及“让”德与和谐社会建设》,《道德与文明》2008 年第 5 期。
268. 涂文娟:《论慎独与大学生道德人格成长》,《道德与文明》2008 年第 2 期。
269. 吴全兰:《刘向“敬慎”的修身原则及其现代价值》,《广西师范大学学报》2006 年第 1 期。
270. 肖群忠:《论“道德功利主义”:中国主导性传统伦理的内在运行机制》,《哲学研究》1998 年第 1 期。
271. 肖群忠:《中国古代人际关系现象、特点及其现代意义》,《西北师范大学学报》1994 年第 5 期。
272. 肖群忠:《人性与道德关系新探》,《甘肃社会科学》2001 年第 5 期。
273. 肖群忠:《论中国文化的情理精神》,《伦理学研究》2003 年第 2 期。

274. 肖群忠:《中庸之道与情理精神》,《齐鲁学刊》2004 年第 6 期。
275. 肖群忠:《智德新论》,《道德与文明》2005 年第 3 期。
276. 肖群忠:《论常人道德——以还物取酬为个案分析》,《伦理学研究》2007 年第 7 期。
277. 萧仕平:《勇:从形式之德到内容之德——孔子论“勇”及其现代启示》,《道德与文明》2009 年第 6 期。
278. 杨英:《“礼”对原始宗教的改造考述》,《中华文化论坛》2004 年第 2 期。
279. 张立文:《中华伦理范畴与中华伦理精神的价值合理性》,《齐鲁学刊》2008 年第 2 期。
280. 张世友:《传统“慎独”道德精神及其现代价值》,《齐鲁学刊》2004 年第 5 期。
281. 赵雅丽:《略论〈文子〉的慎独思想》,《中州学刊》2002 年第 5 期。
282. 赵汀阳:《身与身外:儒家的一个未决问题》,《中国人民大学学报》2007 年第 1 期。

七 外文参考文献 [按作者名首字母排列]

283. Ahern, Denis M., “Is Mo Tzu a Utilitarian?” *Journal of Chinese Philosophy*, 3 (2), 1976.
284. Allinson, Robert E., “The Confucian Golden Rule: A Negative-Formulation”, *Journal of Chinese Philosophy*, 12 (3), 1985.
285. Arendt, Hannah, *The Human Condition*, Chicago, University of Chicago Press, 1958.
286. Chan, Sin-Wai, *An Exposition fo Benevolence: The Jen-hsueh of T' an Ssu-t' ung*, Chinese University of Hongkong Press, 1984.
287. David L. Hall and Roger T. Ames, “Anticipating China”, *Thinking Through the Narratives of Chinese and Western Cultrue*, Albany, State University of New York Press, 1995.
288. Dubs, Homer H., *The Works of Hsuntzu*, London, Probsthain, 1928.
289. Thomé H. Fang, *The Chinese View of Life*, Tai-pei, Linking, 1980.

290. Hsu, Cho-Yun, "Foveuord", *Rites and Propriety in Literature and Life: A Perspective for a Cutural History of Ancient China*, Chinese University of Hongkong Press, 1971.

291. Graf, Norman J., *Myth and Meaning in Early Taoism: The Theme of Chaos*, Berkeley, Los Angeles, and London, University of California Press, 1970.

292. Hsu, Cho-Yun, *Ancient China in Transition: An Analysis of Social Mobility*, B. C. Stanford, Stanford University Press, 1965.

293. Kwong-loi Shun, *Mencius and Early Chinese-Thought*, Stanford, California, Stanford University Press, 1997.

294. Tung-Tsuchu, *Law and Society in Traditional China*, Paris, Moutoun, 1961.

后　记

“君子先慎乎德。有德此有人……”如张岱年先生所说：“中国古代哲人所苦心焦虑的就是如何能使人们合理的生活。他们总觉得人必须‘正德’然后人生才有价值。”“慎”虽简单一字，无时不彰显出中国人对人生价值的信仰，对人生信念的执着，对生活的智慧觉解。《慎德研究——以儒家传统为中心》一书作为三年博士学习生活的总结，于今，终于有幸出版。随着书稿一章一节的完成，其间聆听古圣先贤的人生哲理，感受现代哲人的生活省思，在思考中寻找生命的意义，在读与写的过程中体验生活的旨趣，我想这便是以“慎德”为文的最终意义吧。

中国伦理文化博大而深远，对其解读的方式多元，而以一种德目为线索，通透古今，则是展现中国文化伦理特质的有效方式。学者们对“孝”“忠”“仁”“义”“廉”“礼”“信”的探索，树立起一种伦理文化阐释的方式和视角。在这样的研究背景下，“慎”跃入眼帘，而且渐趋明朗。选择一个喜欢的课题，就像选到一位中意的伴侣，当欣喜地发现它的与众不同时，就更愿意为其付出辛苦和努力。“慎”与“孝”“仁”“义”“礼”不同，更多地具有智慧性特征。因此，在当代社会，“慎”能否成为美德颇受争议。然而，当我们对中国伦理文化作以全面的辐射时，却可以发现“慎”天然就是作为一种美德而存在的，而且成为道德实现的保障，并作为一种不同于“仁”的全德隐含于中国道德结构体系当中。本书也正是立足于这一方面的探索和尝试，以期突破以往偏重于“伦理美德”的研究范式，基于中国伦理文化的研究视阈对“慎”这一智慧性美德进行研究，并不断走向深入。

在书稿付梓之际，在为自己的成长欣慰之余，更应该感恩良师。感谢硕士导师祖国华教授，恩师在工作、学习、生活中无微不至的关怀，对学生的期待，这寥寥几字又怎能承载？感谢博士导师肖群忠教授，恩师对学生的教导用心、用情、用行，工作、生活时时提携、事事教导。对学生的学业要求一丝不苟，书稿中无论是错别字、标点符号，还是逻辑结构、理论阐释，无不精心修改，从序言到参考文献，无不辛苦劳作、尤付心力。感谢博士后合作导师中国社会科学院哲学所陈霞研究员的敦促勉励，恩师亲友般的关爱，如点滴雨露化润心田，严师不吝夸奖又劝善规过的谆谆教导给予学生不断前行的力量。

感谢中国人民大学哲学院焦国成教授、葛晨虹教授、龚群教授、曹刚教授、李茂森老师、郭清香老师、杨伟清老师，书稿的完成凝结了老师们的心血，他们传授的治伦理思想的方法更使我受益无穷。感谢清华大学人文学院万俊人教授、中央民族大学哲学系王文东教授、首都师范大学政法学院王淑芹教授、北京行政学院鄯爱红教授，老师们提出的中肯意见，使得我对论题的认识不断清晰、逐渐深化。本书能够出版，还要感谢同门师妹武丛伟和中国社会科学出版社王琪、马明编辑的大力支持，在此谨致谢意。

感谢人大，感谢培养莘莘学子的青青校园。如果要将人生划分阶段的话，在人大校园度过的几年是黄金般的，是沉甸甸的。教学楼、图书馆、草坪，甚至是林间路旁的长凳都记载了我的成长与成熟。可爱的校园，永远的家。相信，这里的一切都将成为我永远的思念……

本书的写作不过是对中国伦理文化研究所进行的一种尝试，囿于个人学养构成和理论水准，很多问题未能言之充分、论之合理。加之，中国伦理文化精深恢弘，自知难以将其纳入如此薄物浅论之中，书中还有许多不尽如人意之处，敬请学术同仁批评指正。

郝玉明

2014 年 12 月 31 日于吉林师范大学